与万物同行

YU WANWU TONGXING

——三位自然科学家的考察记

李元胜 著

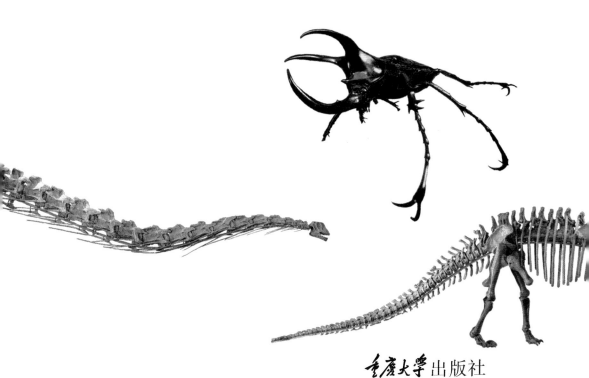

重庆大学出版社

图书在版编目（CIP）数据

与万物同行：三位自然科学家的考察记 / 李元胜著.
-- 重庆：重庆大学出版社，2019.4
（好奇心书系）
ISBN 978-7-5689-1438-3

Ⅰ.①与… Ⅱ.①李… Ⅲ.①生物学—科学考察—普及读物 Ⅳ.①Q-49

中国版本图书馆CIP数据核字(2018)第295759号

好奇心书系

与万物同行

—— 三位自然科学家的考察记

YU WANWU TONGXING

李元胜 著
策划编辑：梁 涛
策 划： 鹿角文化工作室
责任编辑：陈 力　　　版式设计：周 娟 刘 玲
责任校对：邹 忌　　　责任印制：赵 晟

*

重庆大学出版社出版发行
出版人：易树平
社址：重庆市沙坪坝区大学城西路21号
邮编：401331
电话：(023) 88617190　88617185（中小学）
传真：(023) 88617186　88617166
网址：http://www.cqup.com.cn
邮箱：fxk@cqup.com.cn（营销中心）
全国新华书店经销
天津图文方嘉印刷有限公司印刷

*

开本：787mm×1092mm　1/16　印张：14.5　字数：214千
2019年4月第1版　2019年4月第1次印刷
印数：1—5 000
ISBN 978-7-5689-1438-3　定价：79.80元

目录
CONTENTS

　　很少有人像张巍巍这样经历如此充满戏剧性的考察:有雅鲁藏布江的生死考验,有天使之虫发现的惊喜,有五指山陷入铺天盖地旱蚂蟥包围的苦恼……他做的事情也常常让普通人难以理解,比如为了寻找一种蛾子,他会常常千里奔赴,跨过千山万水;他做的事情也会让全球生物圈震惊,比如他作为琥珀化石猎人的轰动性的新物种发现。正是张巍巍这样的人,帮我们注释着一个被忽略的事实:我们共同置身于一个无与伦比的世界中。

　　关于崖柏在消失百年后的重新发现,关于野外富含青蒿素植物的最终锁定,关于南川木波罗作为新物种的"横空出世"……当代中国一系列传奇植物发现的背后,都有一个不善言辞的植物学家,他就是刘正宇。中国式的植物猎人,他们的行踪至今仍不为人知,神秘而低调。

　　这是一位恐龙足迹学领域年轻而勇敢的拓荒人。对应着恐龙在东亚的繁华生命史,对应着恐龙在漫长生存进化期的各地漫游,邢立达用100多个足迹点的研究和发现,编织出东亚地区的寻龙图,满载恐龙和其他古生物的栖息地和物种信息。而这背后的故事,绝不仅仅是励志或者妙趣横生……寻龙的过程,是寻找我们自己,寻找生命的意义。

WUYULUNBI DE SHIJIE

无与伦比的世界

——昆虫学家张巍巍和他的发现

● 湍急的雅鲁藏布江 —— 张巍巍 摄

壹 / ONE

● 加拉村周围植被 —— 张巍巍 摄

　　2011年6月，上午，米林县派镇，天气良好。蓝天的边缘浮着几朵心不在焉的云。一辆中型面包车像一只甲壳虫，在雅鲁藏布江边努力地向前行进。这是雅鲁藏布大峡谷的入口，里面，是一个在全球生物圈广受关注的神奇世界。

　　完全没有人意识到这个看似普通的上午，竟然埋伏着巨大危险。

● 山字宽盾蝽 —— 张巍巍 摄

　　全副武装的张巍巍和伙伴们就坐在这辆车上，各种最适应野外动物抓拍的摄影器材，包括外形像章鱼的 DIY 微距摄影闪光装备，都在饥渴地等待着施展特技。这是雅鲁藏布大峡谷生物多样性影像调查开始的第一天。大家都兴奋着，尽管都参加过无数次野外考察，但这毕竟是雅鲁藏布大峡谷啊——全球公认的罕见的物种富集区域，这个峡谷落差惊人，因而包含着从雪峰到低

● 首丽灯蛾 —— 张巍巍 摄

● 大峡谷的云雾森林 —— 张巍巍 摄

河谷热带雨林的物种，仅以昆虫举例，浩瀚无边的青藏高原已知的昆虫种类，竟有 80% 能从这个峡谷里找到。而很多物种，只有标本，没有它们还在继续生存的影像证据。

● 达林村，刚刚羽化的暗色绢粉蝶 —— 张巍巍 摄

● 考察队向带有岩蜂巢的山崖前进 —— 张巍巍 摄

　　车停下，考察队员们从车上钻了出来。他们仰着脸往上看，这一带高耸入云的悬崖上，密布着奇怪的"城堡"。这正是让他们震惊并停车的原因。

　　那是著名的黑大蜜蜂的王国。黑大蜜蜂，蜜蜂科蜜蜂属，是体型最大的蜜蜂，通常生活在雪山下险峻的江崖地带，当地人称为岩蜂。蜂群个性暴躁好斗，非常危险。它们有着巨大的椭圆形的蜂巢，浅黄色。如果被阳光晒到，单个的巢圆圆的，有如朝阳般美丽。岩蜂的蜂蜜美味营养，是当地山民的重要经济收入。但是去悬崖取蜜，也是非常危险的事，下面是深陷到沟谷里的江，上面往往是斧劈般的绝壁。山民取蜜的场景，曾被摄影师拍成照片在网上传播，世人于是知道，他们吃到的岩蜂蜜，竟是这样冒着生命危险取来的。

　　一般单个的，或者几个挨着的岩蜂巢较常见，而像这样连成一片，

● 皮竹节虫 —— 张巍巍 摄

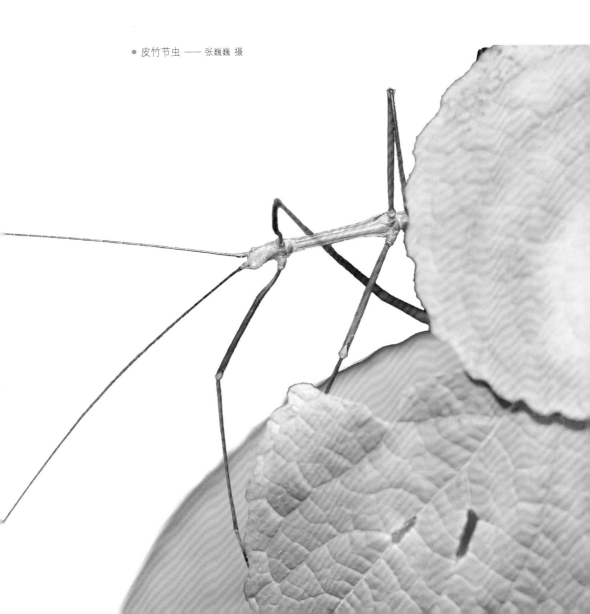

重重叠叠的壮观"城堡"就非常罕见了。队员们决定靠近点探访拍摄，记录这难得的奇观。

沿着小路上坡，大家找到一个平台，这儿离岩蜂城堡比较近。一片安静，只有快门声音。张巍巍一边拍，一边寻找着更好的角度，他深入平台后面的洼地里，幸福地高举相机，按动着快门。为了避免惊动岩蜂群，大家没敢喧哗，一切进行得相当顺利。

可能就是因为太顺利了。事件出现了变化，那是经历了一阵安静而激烈的拍摄后，大家有所放松，有位摄影师未加思索地点了一支烟，那微弱的烟圈被风扯破，又扯高，晃晃悠悠掷向上空的岩蜂城堡。

完全没有想到，这微弱的烟火味，让整个岩蜂城堡拉响了烽火警报。敏感的岩蜂已被激怒，有几只像钉子一样疯狂地冲下来。紧接着，越来越多的黑色的岩蜂，像瀑布一样飞泻而下。

完全没有思想准备的考察队员狂奔而逃，每个人的身后都跟着一大团岩蜂！还好大家都有经验，如果按照电视或网上传授的方法，抱着头蹲在地上，

● 岩蜂 —— 彭建生 摄

● 悬崖上挂着的岩蜂巢 —— 张巍巍 摄

那真的就死定了。他们做得最正确的是，同时扔下全部器材——被他们视如身体一部分的器材。有些蜂就直奔器材去了，一只镜头盖都吸引了上百只岩蜂。徒手能让他们跑得更快，不是吗？

深入小坡里面洼地的张巍巍，成了殿后队员，自然也成为岩蜂们发泄怒火的最佳对象。就像有黑布直接围了过来，他跑的时候，几乎看不清楚路。

到了相对安全地带，张巍巍的头已被一动不动的岩蜂尸体密密包裹住了，还有两个队员也受伤不轻。躲过蜂群铺天盖地追杀的他们，缩头勾腰上了车，女司机一轰油门就走。他们扔下的总价值数十万元的器材，都被黑大蜜蜂军团缴械，横七竖八地静静留在了那个土坡上。

他们赶到附近的一个村里，大伙赶紧帮伤重的三个人小心地拔出毒刺，这是可以减轻中毒程度的。张巍巍的头是重灾区，大家拔完后，他自己慢慢摸索着拔出两个耳朵后面的刺。仅这两个部位，他就拔出来 54 根。据他自己估计，全身被刺中 300 根以上，而且集中在头部。这个数据，让大家出现了一小会儿

● 岩蜂全面攻击前的最后一张照片 —— 张巍巍 摄

恐怖的安静。大家都不敢往下说了，此地，离最近的医院上百公里。

蜂毒，主要成分为多肽类物质，进入人体后，能直接影响人的神经系统和心血管系统，大量的蜂毒甚至可能造成人和动物失去呼吸功能而死亡。而它刺入皮肤的瞬间，能让该部位肿胀并迅速升高体温。岩蜂，其毒性应该高于国内常见的中华蜜蜂或意大利蜜蜂，还好，略低于胡蜂。胡蜂袭击致人死亡是时常发生的。对于体质敏感人群，可能少量蜂毒也会威胁到生命。

在承受蜂群攻击之后，张巍巍除了皮肤烧灼感之外，还没有其他严重的身体反应，他表现出了惊人的耐受能力。他们甚至在犹豫要不要远赴百公里外的医院。

但是，约三小时后，进入体内的蜂毒开始产生作用，张巍巍和另外两位队员几乎同时发烧、呕吐、浑身无力。他们当天下午入住医院治疗。另外的队员则在做好全身保护后去取回器材，谢天谢地的是，在取回器材之前，天气一直晴朗没有下雨。器材都完好无损，滚落一地的镜头盖，也被仔细地收回。

第二天下午，三个受伤的队员在经过输液治疗后，总算渡过一劫。他们有说有笑地回到了派镇。有人说，幸亏殿后的是张巍巍，他体质太好了，耐受蜂毒的能力强。如果换成其他队员，可能就会出现灾难性的后果。影响整个考察的进行。还好，他们出院了，对雅鲁藏布大峡谷的考察照样进行，就像什么都没发生一样，这个差点威胁到他们生命的插曲，并没有让他们撤退或改变计划。唯一的变化是，张巍巍的头发因治疗需要被剃了个精光，他成了一个光头。

离派镇驻地不远的江上，他们发现了许多江心洲。这一带由于还没有进入峡谷，江水较平且深浅不一，沙洲也大小不一。乘船而至的他们，在米瑞乡和白拉村之间，看到了一个较大的沙洲。船惊动了沙洲附近的绿头鸭，警觉的它们扑腾着翅膀飞走了，连头都不回。

他们决定上这块沙洲去看看。船停住了，居住在小岛上的"居民"欢天喜地，成群结队地跑来欢迎——一群被散养在这里的牛。可能很久没有见

● 张巍巍因治疗需要被剃了个光头 —— 袁媛 摄

到过人类，它们真的是既好奇又欢喜，完全没有对生人的恐惧。

张巍巍不得不感叹当地人真聪明，这里敞放牛、猪，完全不用担心它们跑掉，也不用照顾，冬天来临之前，用船把它们接回家就行。

还没感叹完，他就发现了目标，有东西！沙地上有一只虫子在爬动，它的颜色和沙粒极为接近，如果它完全不动，很难被发现。这是一只大约 15 mm 长的象鼻虫。张巍巍费力地俯身查看。为什么费力，因为他体重 100 公斤以上，这还是他坚持长期户外考察保持下来的体重，很多简单的动作，他会比其他人费力得多。即使这样，他在野外工作时，仍然是最勤奋、最拼的一个。

他确定自己发现了传说中的喜马象。这种象甲的两边鞘翅向下延伸，将腹

面两侧包围起来，说明它的后翅已经退化，失去飞行能力。另一方面，它的钩状足非常有力，防风能力强，可以随时钩住物体来固定自己。

　　喜马象属的物种，主要分布于我国青藏高原和印度部分地区。1886 年，德国昆虫学家福斯特（Johannes K.E. Faust, 1822—1903）一口气发表了 6 个象甲新物种并建立了喜马象属。之后百余年来，通过一系列激动人心的发现，这个家族逐渐被人类所认识，由 6 种扩大到 138 种，其中 90 多种在我国境内有分布。在西藏昆虫中，喜马象是极具物色的类群，地位非常重要。

● 江心沙洲上的喜马象 —— 张巍巍 摄

● 树皮下集群的喜马象 —— 张巍巍 摄

张巍巍激动地扩大了搜索，记录了很多喜马象的独特生活习性，正是靠这些习性，它们得以生存。比如，它们非常蠢萌地把头钻进沙里，仅把屁股留在外面，用这种类似鸵鸟的姿势来防晒。说到防晒，它们真的很善于躲在牛蹄印里、树枝石块下等一切有阴影的地方。在没有任何掩体的滩上，怎么办呢？张巍巍看到，数千头喜马象聚集在一起，互相形成阴影，和烈日对峙，这是多么壮观的场面啊！

但是，张巍巍自己却找不到可以把他遮挡住的阴影，他只能死扛着烈日，有时，他感到背上就像被点燃了一样，汗水从额头往下，似无数小溪在流淌。衣服湿了又干，干了又湿，最后由汗渍显影出层层山水画。他唯一可以安慰自己，或者说激励自己的是，这不就是喜马象典型的生活场景吗，最适合拍摄和记录它们的场景。他也真的拍到了喜马象如何在烈日下巧妙生存的精彩照片。

从这一天开始，他在大峡谷中每天都能看到喜马象，它们的适应能力非常强大，在完全不同的生态环境都能顺利繁衍。

但他并不是冲着喜马象来的，也不是冲着他们随后发现的各种珍稀昆虫来的，他有一个目标，那就是被称为天使之虫的缺翅虫。

缺翅目，这个 1913 年，由意大利昆虫学家 F. 希尔维斯特里发现的新目，到目前仍只有一科两属。其中一个属还是从琥珀标本里发现的，早已灭绝。如此孤绝的类群在昆虫纲里并不多见。如果说昆虫世界就像满天繁星一样，缺翅虫的家族就好像天边冷寂的孤星，和繁星保持着遥远的距离，显得格外神秘。

更有意思的是，虽然名为缺翅虫，这个类群的昆虫，其实有的长有翅膀。而且，同一个物种既可能有翅，也可能缺

● 江心沙洲上的树根，爬满了喜马象 —— 张巍巍 摄

● 墨脱缺翅虫无翅型成虫 —— 张巍巍 摄

翅，视其生活的状态而定，这个按需求长翅膀的魔术，是不是让你想起了又丑又小的蚜虫？和蚜虫一样，缺翅虫也是在种群密集或环境出现情况时，才长出翅膀，迁飞并扩散到其他地方。如果人类在城市生活中进化得足够久，会不会也进化出希望瞬间疏离人群的翅膀人？

F. 希尔维斯特里犯了一个可爱的错误，把他发现的无翅型当成了缺翅虫的恒定状态。

这个新目出现的整整 60 年里，人们没有在中国境内发现缺翅虫，难道国土辽阔的中国，也和澳大利亚一样，并不适合这个精灵家族的生存？澳大利亚没有，还好理解，因为这块大陆较早从古大陆上分离出去，滔天巨浪阻断物种扩散的道路，而处在无垠大陆的中国，怎么会也没有这个类群呢？

人们的质疑是有道理的，1973 年，著名昆虫学家黄复生在察隅地区首次发现缺翅虫，它享受到极高的殊荣，被命名为中华缺翅虫。次年，黄复生扩大战果，又在汉密地区发现第二种缺翅虫，得名墨脱缺翅虫。20 多年后，中科院动物所科学家姚健，在雅鲁藏布大峡谷的达波采集到墨脱缺翅虫，为这个物种提供了新的分布点。

● 天使之虫，墨脱缺翅虫有翅型若虫 —— 张巍巍 摄

和缺翅虫沾点边都不是那么容易的事，足见它的珍稀。张巍巍读中学时就知晓缺翅虫并渴望着早点一睹真容，但这个心愿太难实现了，从少年宫的生物小组，到杨集昆先生的书房，再到各地的奔波，他已经忍了 20 多年。而中国的缺翅虫，还没有野外生存的生态照片，也是一件令人遗憾的事。在此行中找到缺翅虫，拍到它们的影像证据，自然成为张巍巍给自己的一个决定成败的任务。

缺翅虫生存于朽木的树皮下，以菌类、跳虫为食。所以，从进入大峡谷的第一天开始，张巍巍就把视野范围内的所有朽木作为了目标。他研究过黄复生和姚健的与缺翅虫有关的资料，缺翅虫在这一带的生存被表述为群居，见光后一哄而散，如一群小幽灵，几秒钟后无影无踪。他太渴望看见这样的群居图了。他时时刻刻都在揣摩着如何在它们一哄而散的过程中，瞬间截留住几只。他当时想到的最常用的方法是用小管子扣。后来，他发现吸虫管对付这些太小的目标，或许更从容。

时间一天天过去。张巍巍连行车途中都不放过用目光寻找朽木，只要看见，就会要求停车，下去搜索一番。但每一次都悻悻而归，群聚的缺翅虫见光而散的情景，始终没有出现在他眼前。时间已是 7 月上旬，距离考察结束的日子越来越近，张巍巍有些沉不住气了。每当发现别的精彩物种时，他欣喜之中仍旧会掠过一丝阴影——要是缺翅虫也这么被发现就好了。

7 月 1 日，这是考察的倒数第二天。次日，他们将离开易贡一带，踏上归程。老天并不考虑考察队员的心情，雨时大时小，几乎没停。这一天他们几乎是在车上度过的，除了中午因为找到一堆野生蘑菇给他们带来一餐美食，让他们兴奋了一阵，其他时间大家都略有些沮丧，最后一天就这样白白地浪费了。

张巍巍闷闷地望着窗外，找到缺翅虫的可能性正在变小，就像掠过车窗的那些树林，越来越远，越来越小。

他心里突然出现一个猜测，会不会是之前的寻找方法有问题呢？缺翅虫是否一定是群聚？是否因为过于期待着它们见光后一哄而散的场面，而忽略了那些可能零星出现的缺翅虫？如果再有机会，他是不是应该更仔细地搜索一下那些朽木？但他同时叹了一口气，可能已经没什么机会了。

"停车！"张巍巍喊了一声。此时，正值大雨，透过大雨的雨帘，他隐隐看到了路边有倒卧的树木。同车的人一声不吭，看着他下车，雨大只是一个原因，雨水湿透的草丛，更有旱蚂蟥出没啊。

张巍巍几乎是只身扑向那棵倒下的树，一边抹着顺着额头和头发流下来的雨水，让眼睛可以睁开，一边小心地剥开树皮。下面什么也没有，继续剥，几只游走的蚂蚁，很不满被暴露出来，它们朝凑近的这张庞大的脸，示威性地举起了大颚。张巍巍无语地看了看蚂蚁，很不甘心地四处张望了一下，他不愿意

● 墨脱缺翅虫有翅型成虫 —— 张巍巍 摄

就这样回到车上。因为回到车上,再停车的机会估计就没有了。

他的视线里,树林深处,出现了好几棵倒卧的树木。他来不及给队友打招呼,大步向它们走去,没几步,他的裤子和鞋已全部湿透。顾不了那么多,他冲向那几棵树。小心地剥树皮,更仔细地查看每一个斑点,时间慢慢过去,却一无所获。天色已晚,他抬头往回看,光线已经昏暗到看不清来路了。他悻悻地放弃了这几棵倒木,摸索着往回走。

由于担心他的安全,一个队友已冒险钻进树林来找他。会合后,他们高一脚低一脚朝车的方向走去。

或许,正是因为天色昏暗,方向不明,张巍巍回去的路和进树林的路略有偏差,于是,他眼前又出现一段朽木,长满了苔藓。不假思索,他的手就伸了过来,先是小心地扯下苔藓,然后剥开树皮,这已经是此行重复了数百次的动作。雨水下,有几只非常小的虫正惊恐地逃散。张巍巍敏捷地掏出瓶子,扣住了一只,这不会就是天使之虫吧?他这么想,光线太差,他看不清楚它们的特征,只是隐隐感觉和缺翅虫有点像。

● 附近的天然高山牧场 —— 张巍巍 摄

● 找缺翅虫 —— 刘源 摄

　　回到驻地，他做的第一件事就是掏出相机，对这只小虫进行拍摄，然后用激动得有点颤抖的手放大相片，一只晶莹剔透的虫出现在他的眼前——这不就是缺翅虫吗！类似于蚂蚁的头，夸张的串球触角——仿佛京戏翎子，整个身体有点像白蚁，但是更修长、更透明。

　　天使之虫，就这样被张巍巍阴差阳错地找到了。接着，他确认这就是墨脱缺翅虫。墨脱缺翅虫的新分布点又被发现了，和 10 多年前的发现点距离几十公里，还隔着一条江。

　　第二天，张巍巍和士气高涨的队员们开车回到了缺翅虫的发现点，对那根朽木进行了彻底搜索和拍摄。非常幸运的是，这根朽木还真是个宝，这里有墨脱缺翅虫的两个形态，有翅型和无翅型，甚至，张巍巍还拍到刚长出翅芽的缺翅虫。他心满意足地看着缺翅虫的照片，这是中国境内的缺翅虫第一批生

● 巍巍缺翅虫，发现于婆罗洲的新种 —— 张巍巍 摄

态照片。他知道它们为什么被西方人称为天使之虫了。刚长出翅芽的缺翅虫，灯光下，犹如没有一点杂质的玻璃雕刻出的艺术品，身体和翅膀都晶莹而干净，真的很有小天使的气质。

为墨脱缺翅虫的再度现身，新华社迅速发了消息。张巍巍和缺翅虫的缘分并没有结束。由于掌握了缺翅虫的生活习性和特征，他后来在马来西亚和印度尼西亚分别采集到了缺翅虫标本，拍到了生态照片。了不起的是，其中一种还是人类首次发现的物种，它因此被命名为巍巍缺翅虫。

他还发表了一个令人兴奋的观点，中国的缺翅目，除了西藏地区的两种，台湾和海南发现的各一种之外，其实应该更多，特别是在南方。中国昆虫的小天使，还会陆续被发现得更多吗？几年后，在西双版纳果真又发现一种。

● 色季拉山口的绿绒蒿 —— 张巍巍 摄

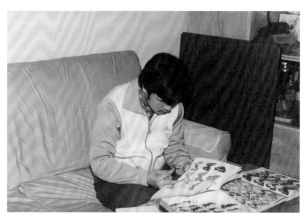

● 20世纪80年代末期，张巍巍在家中整理蝴蝶标本 —— 张巍巍 供图

　　乡村生活和自然界的生活，对人的一生来讲非常重要。笔者发现好多作家和艺术家的童年生活都和乡村有密切的关系。韩东有一首诗，中间有两句写得非常好："我有过寂寞的乡村生活，它形成我性格中温柔的部分。"这两句话讲出了一个规律，就是一个能有自信，能有勇气在世界上生存下来的人，一定有着温柔而强大的内心。自然观察还有助于激活个人天赋。其实人和人的差异比我们想象的小很多，但是在成长过程中，你的天赋如果没有被及时激活的话，可能你的优势就不在了。

● 1992年在北京小龙门林场拍摄昆虫 —— 张巍巍 供图

　　张巍巍非常幸运，虽然这么说对他父母或许略不公平。他四岁的时候，父母因故离开北京，到山西平定县工作了一段时间，他还记得他们家当时就住在娘子关附近的村子里。娘子关位于河北和山西交界的地方，相对北京城里来说，这里虽没有南方的山清水秀，但已经能让孩子们接触到更多的自然了。

　　他进入的是另一个陌生的狂野世界，有他畏惧的蛇，有他不能理解的刺猬，更多的则是让他可以亲近的昆虫。他就读的幼儿园，后面就有一个山谷，一条小溪在山谷中缓缓而流。那也是一个蝴蝶的世界、甲虫的世界。那个幼儿园的管理还真是比较宽松，他经常悄悄跑到山谷里玩，看蝴蝶、飞鸟什么的。

● 色彩斑斓的蝗虫（2010 年摄于南非好望角） —— 张巍巍 摄

● 巨大的扁竹节虫（2015 年摄于马来西亚霹雳州）—— 张巍巍 摄

　　有一次，山里有洪水，那条小溪成了一条大河。他在草丛里发现了一只飞蝗，他想去抓它，飞蝗惊飞，逆光中，他看见蝗虫展开了耀眼的金黄色的翅膀，向着对岸飞去。张巍巍惊呆了，他之前见到的蝗虫，最多蹦跳一下，短距离飞一下，原来这里的蝗虫这么能飞。

　　两年的乡村生活，特别是这个山谷，把诸如此类的很多奇异画面深深地刻在了他的脑海里，让他对昆虫世界产生了浓厚的兴趣。

　　几年后，北京因此多了一个喜欢昆虫的学生。由于没有老师，他学会了到各处淘书淘旧杂志淘邮票，特别是周末，他总是骑着一辆自行车到处逛。《陕西省经济昆虫图志 鳞翅目：蝶类》《河北森林昆虫图册》就是他淘到的宝贝，至于别的，只要上面有一点和昆虫有关的图案或知识就行。兴趣，就像山里的溪流，阻碍反而会刺激着它奔跑，不顾一切向前。跟着兴趣走，他贪婪地搜集着知识的碎片，再自己把它们拼凑到一起。

初中时，由生物老师热情推荐，张巍巍得以进入北京市少年宫生物小组，有机会接触到优秀的老师甚至昆虫学家。有一次，北京市举办了一个百科昆虫竞赛，即收集 100 个科的昆虫物种标本。由于刻苦的自学和自然观察的积累，打下了很好的基础，张巍巍拿到大赛的第一名。中国最著名的昆虫学家之一——杨集昆教授，给他颁了奖。紧接着，生物夏令营里，他又有更多时间接触到杨集昆。杨集昆，原名杨济焜，为表明热爱昆虫事业的心志，改名为杨集昆，他发现的新物种多达 2 000 多个，弟子也遍布天下。

● 黑网蛱蝶（2011 年摄于西藏林芝） —— 张巍巍 摄

● 枝跗瘿蜂，中学时代在杨集昆教授指导下采集过的稀有蜂类（2014 年摄于北京海淀） —— 张巍巍 摄

● 20世纪80年代末与杨集昆教授 —— 张巍巍 供图

　　一老一少的友谊迅速升温，他们两个唯一的共同点，就是对昆虫世界的近乎疯狂的热爱。一个带研究生的农大著名教授，居然收了个中学生弟子，很奇怪的组合里，有昆虫学家的性情和情怀，他没有架子，看重人才，不拘一格，这才是真正的大家风范。北京太大了，张巍巍家住和平里，杨集昆家住圆明园附近，张巍巍去杨先生家要转三次车，单程耗时两小时以上，来回近五个小时。这么遥远的拜访线路，贯穿了张巍巍从少年到青年的漫长岁月。他成了杨集昆永不毕业的学生，每个月至少能见到一两次的家里常客。

　　杨先生喜欢深夜安静工作，所以起得晚，中午是他的早餐时间。早餐结束，弟子们或友人们陆续到达，房间里时而高谈阔论，时而鸦雀无声。鸦雀无声的时候，是各自埋头看书或资料。在张巍巍眼里，杨集昆家几乎

● 1996 年北京亚洲邮展，《昆虫》邮集获得大镀金加特别奖 —— 张巍巍 供图

是一个图书馆，到处是书，关于昆虫的书，比他淘遍北京城看到的还多。而且，他别的资料也很惊人，比如《集邮》杂志，他从创刊号起，一期不少，可能很大的原因是，那个时代视觉资料奇缺，《集邮》杂志有丰富的自然类绘画，值得好好研究。

　　张巍巍在淘书学昆虫知识的同时，也没有拉下从幼儿园起就喜欢的集邮。但集邮和昆虫爱好，并不是平行的两条线，它们有平行，也有交叉，更有重叠。既然杨集昆家里有全套《集邮》杂志，他就分批借回去研读，重要的还复印了。由于有昆虫知识，他的集邮方向就更侧重于专题集邮。高中毕业前后，他完成了两个工作，一是和好友倪一农一起，整理了北京蝴蝶名录，这是一个枯燥的工作，但是对自然爱好者和科研人员，是非常有用的资料；二是完成了专题邮集"蝶类世界"，获得了当年的全国青少年邮展的金奖。

　　1994 年，张巍巍的《昆虫与人类》邮集在汉城（今首尔）拿到了中国专题集邮第一个世界集邮展览镀金奖，在国内集邮界引起很大的反响。在这个邮集的准备过程中，张巍巍显露出他的完美癖，对作品的丰富和新意的追求到了不考虑成本的一步。为了这个专题，他在全球集邮市场搜寻，猎获一些精彩的昆虫主题邮品，却耗尽了几乎所有积蓄。

《昆虫与人类》代表了中国集邮家们在专题集邮方面的一个新的水准，也让张巍巍在集邮界有了名气和地位。至今他仍是国际邮展评审员中仅有的十来个中国人之一，几乎每年都会受邀参加世界各地的集邮展览评审。

当然，张巍巍在杨先生那里，学到的远比系统的昆虫知识更重要，那就是永远怀疑，永远探索，不计功利的治学精神。杨先生的一生学术，是严谨和狂想的二重奏，以永恒的好奇心去深入未知世界，以无限的想象力去填补人类知识的空白，以严密的丝丝入扣的证据去求证自己的发现。

● 2017 在印尼万隆世界邮展任青少年评审组组长 —— 张巍巍 供图

● 与杨集昆先生等在北京小龙门林场灯诱（1992 年）—— 张巍巍 供图

　　很多年之后，张巍巍才发现自己不知不觉习惯了杨先生的作息时间，如果没有野外考察，他也习惯中午前起床，下午处理杂务，把最需要集中精力研究的事情放到夜深人静时去做。

　　这个期间，张巍巍和太太已经定居重庆，和包括笔者在内的一拨昆虫爱好者打得火热，定期到山上外拍。他的很多外拍细节在圈内广泛流传。

　　比如有一个真实的"段子"：他在草丛上看到一种比较少见的灰蝶，立即小心地蹲下他泰山般的身躯去拍摄。整个过程缓慢、专业、小心，他的相机成功地接近了灰蝶，就在这瞬间，他压缩自己身体形成的气压让他不自觉地喘了口气，可怜的小灰蝶被巨大气流冲得一个翻滚，仓皇逃走。还在排着队，等着挨个拍摄的队员们顷刻笑场。

● 世界最大的蝴蝶之一 —— 绿鸟翼凤蝶（2017 年摄于印度尼西亚西巴布亚）—— 张巍巍 摄

但是当他手持工具时,你会看到这北方块头的汉子,原来有着惊人的灵巧。他用抄网捕捉飞过头顶的蝴蝶时,身体腾空的瞬间,手臂也展到最长,抄网被举到一个看似不可能的高度,蝴蝶还没明白是怎么回事就身陷网中。他尤其善用镊子,昆虫学家的镊子是他们依赖的第一工具,不仅代替他们的手指在各种复杂的地方翻捡搜寻,还代替他们捕捉目标。笔者多次见到张巍巍用镊子从空中敏捷地夹住飞虫,神乎其技,令人想起古代剑客筷子夹苍蝇的传说——原来是完全可能做得到的。受他的影响,笔者也开始迷上镊子这个小巧工具,但我多数时间用于园艺除虫,运气好,也能夹住停着的苍蝇,但练到活夹飞虫,估计永远也做不到。

● 纳塔尔珍蝶（2011 年摄于南非摩梭湾） —— 张巍巍 摄

● 马来西亚国蝶 —— 红颈鸟翼凤蝶（2015 年摄于马来西亚霹雳州）—— 张巍巍 摄

夜晚，灯高高挂起，一块白布把光柔和地反射到空旷的山谷里。这是我们外拍时常见的场景。在灯光亮起，等待各路昆虫到来的聊天时间里，张巍巍总是忍不住感叹国外博物学的普及，国外自然爱好者认识物种的便利。那是 2003 年前后，确实，不仅中国的自然保护区没有自己代表物种的介绍，甚至整个大陆的博物手册也完全没有。能买到的是友谊出版社引进的一套英国 DK 出版公司的博物手册，那套书里的物种多数和大陆无关，中文名很多还用的是港台地区翻译的物种名，很不好用。大陆的博物学水平起点较低，不仅落后于欧美，还落后于东南亚甚至港台地区；我们的昆虫研究更多基于有实用目的如植保等，很多类群无人问津；我国的高原野花最全面的图鉴是日本人做的，而且只在国外销售……张巍巍的思考和感叹引起了我们的强烈共鸣。

痛感大陆地区自然博物手册的稀缺，在重庆大学出版社的支持下，我们随后共同成立了鹿角文化工作室，开始规划好奇心书系。第一套手册就是由张巍巍参考研究了国外比较受欢迎的博物手册后开发的，名为野外识别手册，他还自己编写了其中的《常见

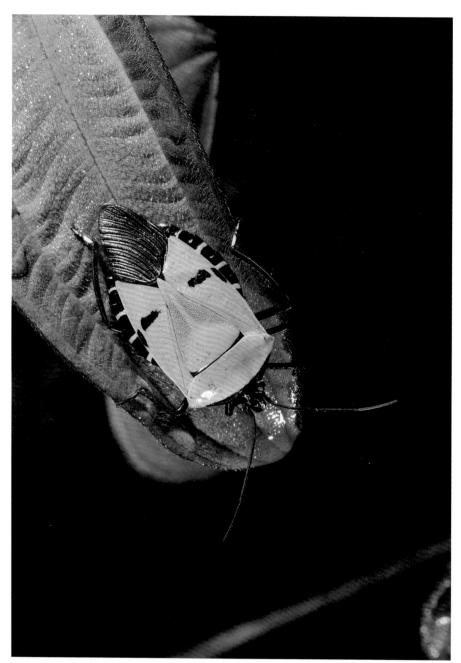

● 俗称"人面蝽"的红显蝽（2015年摄于婆罗洲）—— 张巍巍 摄

● 叶状琴步甲（2016 摄于婆罗洲） —— 张巍巍 摄

昆虫野外识别手册》，这套手册从着手到出版，用了整整三年时间，张巍巍花费了巨大的心血。读者们也给予了热烈的回报，野外识别手册上市后，不断脱销、加印，成为大陆地区原创博物手册中较为畅销的一个系列。

● 宝石象鼻虫（2017 年摄于巴亚布岛） —— 张巍巍 摄

高性价比的小册子受欢迎，但是受容量的局限，图片不够大，识别要点不够详细，物种也不够多。有一次，在鹿角文化工作室的选题会上，张巍巍提出，搞一个大而全的昆虫图鉴，后面被我定名为《中国昆虫生态大图鉴》。这是一个疯狂的想法，在国外也没有先例。一般图鉴都会选择昆虫的某个类群，如蝴蝶、蜻蜓、甲虫来做。因为昆虫种类高达百万种，从事昆虫研究的都会集中精力于一两个类群，要做完这项工作，需要动员国内所有昆虫领域的分类学者们，这，实在是太难了。张巍巍提出后，比较了解困难的他，其实还是很犹豫的。但是我和另一个博物爱好者、作家郭宪却有着无知者无畏的勇气，坚决主张搞。

　　计划两年完成编写这个大部头，结果做了五年。我们为此组建了一个庞大的团队，共有百余位分类学者和自然摄影师参加了这项工作。在著名学者杨星科、彩万志、杨定的支持下，张巍巍说服了吴超、刘晔、李虎等一批青年

● 布氏片角蝉（2013 年摄于巴西亚马孙雨林） —— 张巍巍 摄

● 1986 年，张巍巍高中毕业，有幸参加了中国昆虫学会在长白山举行的夏令营。当时他的最大愿望是发现中国尚未记载的蛩蠊目昆虫，遗憾的是未能如愿。三十二年后，寻找蛩蠊目昆虫愿望终于实现。（2017 年摄于日本山梨县大菩萨岭）—— 张巍巍 摄

● 丽纹枝叶螳（2015 年摄于婆罗洲）—— 张巍巍 摄

● 盛装出场的蜡蝉（2013 年摄于巴西亚马孙雨林）—— 张巍巍 摄

学者担纲各个分支的主编。我负责八方收集自然摄影师们的生态作品，这些作品由郭宪分类后再发给各分支主编们。在没有一分钱经费的情况下，这件看似不可能完成的工作，把大家捆绑在了同一架战车上，而推动战车向前的主要动力来自张巍巍。

比如，白蚁的图片收集完成后，鉴定者发现无法完成工作，因为白蚁的分类主要靠兵蚁，而摄影师们拍到的却是以工蚁为主。张巍巍只好找到一位著名生态摄影师偷米，和白蚁鉴定者一起去集中完成各种白蚁的拍摄。他选对了人，他的疯狂也能感染人，偷米拍出了非常精彩的一组照片。这项卡壳的工作才得以推进。

诸如此类的卡壳太多了，战车有时就像进入了泥潭，特别是漫长的夏季，那是野外工作者的最佳时间，人们都去到了全无信号的山里，人都无法联系上，更别说沟通工作细节。张巍巍发现，每年的冬天，才是解决卡壳的最佳时间。他很得意这个发现，把自己集中精力处理大图鉴事务的时间也放到了冬天。五年时间，张巍巍不知疲倦地工作着，通过电话、手机短信、QQ、电邮先后联系了数百人，近千人次的交流。整个团队也在他的感染下，加速推进。遗憾的是，在大图鉴进入设计阶段时，我们共同的好友郭宪因病去世，他没能看到他最热爱的书的问世。

大图鉴出版后，张巍巍越战越勇，又独自挑战了一部大型图鉴工具书——《昆虫家谱》。这本书实际上是一部昆虫纲物种的分科手册，和《中国昆虫生态大图鉴》一样，它们具有填补空白的开创意义。

● 婆罗洲南洋犀金龟（2016年摄于婆罗洲） —— 张巍巍 摄

叁／THREE

● 蚂蟥（2018年摄于海南五指山）—— 张巍巍 摄

2008年，6月。海南五指山上的一个深夜。空气已经变得清凉，但仍旧很潮湿，仿佛空气中悬挂着无数的小水珠。

张巍巍蹲在草丛里研究一堆灌木已经很久了。在这之前，那个位置闪光灯闪个不停。安静下来后，他还在干什么？为什么还不出来？我站在一块空旷的水泥地上，感觉自己很安全，又有点为他担心。

● 捕食螽斯的蜥蜴（2008年摄于海南五指山）—— 张巍巍 摄

　　这是我们进入五指山的第一个晚上。此行的重要目标，是叶䗛。这个阶段，张巍巍对竹节虫的研究到了疯狂的境地。在竹节虫中，叶䗛是最具观赏性的种类，它们不仅珍稀，拟态也近乎完美。五指山有叶䗛分布，但我们的运气是否足够好，还真不知道。

　　但是五指山给了我们一个下马威。到了五指山后，在自然保护区管理局办好了科研合作协议及采集手续，刚到宾馆，为了拍摄一只捕食螽斯的蜥蜴，我进入草丛里，区区几分钟时间，就有十几条蚂蟥上身。我还记得那神奇而又恐怖的画面，低头往下看，鞋上裤子上就像长出了十几条彩色飘带，在空中痉挛般地疯狂舞动……

　　然后第一次步行，张巍巍就中招了，裤子和鞋子被血染得通红。他卷起裤脚查看，一个吃饱了的蚂蟥，像一个肉球滚落到地上。而他的腿被蚂蟥咬了一个洞，血流不止。

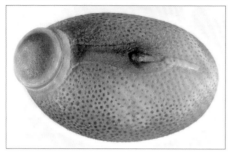

● 竹节虫卵（2013年摄于广西花山）——张巍巍 摄

为了判断在草丛中停留多长时间，旱蚂蟥会上鞋，我们两个在草丛中的空地蹲下来，观察旱蚂蟥是如何靠近我们的。看到的情形让我们浑身起鸡皮疙瘩：不是一条两条，甚至不是几十条，以我们视野所见，几十米内的旱蚂蟥数以百计地一伸一缩地爬过来。而我们移动时，它们会挺起身躯，判断我们的位置，一旦我们停下来，它们就迅速地调整方向，继续靠近。

正因为有白天的惊魂，晚上我在草丛里绝不敢久留。水泥地上安全得多。"巍巍，别待久了，小心蚂蟥！"我喊了声。

那丛灌木里，有几只很特别的竹节虫，这是张巍巍绝不会轻易放过的，他要拍摄，观察它们如何取食植物，甚至还有可能采集标本。

"真好！这几只不错。"他终于离开了那堆灌木，声音听上去很高兴。

"要不要检查一下蚂蟥？"我的手电筒很远就开始对着他的鞋扫来扫去。

"看过了，没有！"他很自信。

"袜子上再检查一下。我刚才就从袜子上扯下来根蚂蟥。"

"呃，好吧。"他有点勉强地卷起了裤脚……"天哪！"他一声惨叫，吓了我一大跳。赶紧凑过去，手电筒光下，太恐怖了——他的小腿上就像穿上了蚂蟥织成的厚袜，还是彩色的、蠕动的。他的镊子功夫在紧急情况下派上了用处，只见他用镊子一根一根扯下蚂蟥，速度快得令我眼花缭乱，可能不到两分钟时间，几十根蚂蟥就被他扔得满地都是。

水泥地也不安全了，撤！我们两个拔腿就走。还好，虽然蚂蟥上身多，都还没开始下嘴，只是一场虚惊。这要是换成另外的人，可能直接就晕倒了。而且，

● 优刺笛竹节虫（2013年摄于广西花山） —— 张巍巍 摄

也没这么好的镊子功夫来自救吧。

遭遇密集旱蚂蟥，这还是张巍巍的第一次。有了这次经历，他对旱蚂蟥就很适应了，后来在墨脱，在沙巴，众人惊恐，他却很淡然。蚂蟥毕竟不会危及生命。

那几天，雨季五指山的满山蚂蟥还是让我们很受局限，我们尽量走宽阔的路，或者，干脆走在溪水里。如果必须进草丛，我们会只拿一半的精力寻找昆虫，另一半的精力观察着自己的鞋……

好在，挂灯的地方，是宽阔的水泥地。也有蚂蟥，从远处的草地奔袭过来，有时正在拍照，发现相机上会立着一根蚂蟥，让人哭笑不得。

在蚂蟥的包围中，坚持不撤退，张巍巍的理由很充分，这是找到叶蜡的最好时机。

● 龙竹节虫（2010 年摄于广西大明山） —— 张巍巍 摄

像是为了印证他的说法，这天晚上快十二点的时候，正在整理标本的张巍巍突然停下了手上的动作，像中了邪一样眼睛死死地盯着远处的墙。

● 藏叶䗛（2014 年摄于西藏墨脱）
—— 张巍巍 摄

我顺着他的目光望过去，一阵欢喜，一只螳蛉！螳蛉，昆虫爱好者非常喜欢的种类，有着螳螂一样的捕捉足，又有着其他脉翅目昆虫修长美妙的身体。如果说螳螂像威风八面、快意江湖的刀客，那螳蛉就好比是身材曼妙的女剑客。我举起相机就要扑过去。

"小心！别惊动了，不是说的螳蛉！"

● 皮竹节虫（2011 年摄于西藏通麦）—— 张巍巍 摄

● 滇叶䗛（2008 年摄于云南高黎贡山）—— 张巍巍 摄

　　咦，还有什么。我停下脚步，仔细观察了一下，螳蛉的旁边，有一片薄薄的长条形的东西，在风中微微晃动。叶䗛！此行的目标终于出现了。而且，还是比较少见的同叶䗛。浅绿色，很安静，身体纤长，有点江南秀士的气质。

　　愉快地拍完同叶䗛和螳蛉，已是凌晨一点，我困得不行，撤回房间休息。张巍巍一个人继续留在空旷的山野。这是他的工作习惯，挂灯是一定要工作通宵的，实在困了，他就坐着睡一下。

　　第二天，我醒来时天已大亮，从窗户看出去，只见张巍巍喜形于色地在小院里低头看着什么。

　　"什么东西？"我的好奇心上来了。

　　"中华丽叶䗛！"

一个陌生的名字，我赶紧跑出去。这个快天亮时飞来的家伙可不得了，中华丽叶䗛，雄性。这是一次非常有意义的昆虫发现。这个物种在我国海南被发现并采集到雌虫，却一直未见雄虫。于是有了一个悬而未决的问题，是雄虫没有找到，还是这个种本来就是孤雌繁殖？

张巍巍成功抓到的中华丽叶䗛雄虫，已让这个问题水落石出。

不亚于生物学发现意义的是，中华丽叶䗛非常漂亮，镜头面前，它有着帝王般的高高在上的风采。

我们心满意足地离开了五指山，继续海南岛的昆虫寻访，七仙岭、尖峰岭，有空的时候，张巍巍总是举起装着中华丽叶䗛的盒子，看了又看，完全停不下来。我的假期短些，要先回去，我建议帮他把包括中华丽叶䗛在内的标本先带回去。张巍巍道完谢

● 中华丽叶䗛（2008 年摄于海南五指山） —— 张巍巍 摄

后，想了一下，又改口说中华丽叶䗛得留在身边，怕有闪失。脸上一副珍爱得一塌糊涂的表情。

然而，不幸发生了。我走后的当天，张巍巍在尖峰岭半山挂灯——因为当地人在那儿发现过叶子虫——就是叶䗛，标本盒就在他的手边，他睡着了。一群蚂蚁袭击了他所在的区域，包括盒子里的中华丽叶䗛。等张巍巍醒来时，标本盒里只剩下一点残渣。最难得的发现，最珍爱的标本，最意外的结果……在张巍巍的竹节虫研究中，这仿佛是一个很不祥的预兆。

所以，到目前为止，中华丽叶䗛这个色型的雄性标本，仍是空白。

● 小蛮腰叶䗛（2014 年摄于婆罗洲） —— 张巍巍 摄

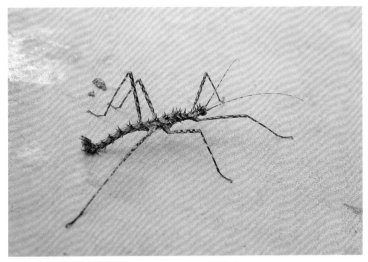

● 四面山龙竹节虫（2006 年摄于重庆四面山） —— 张巍巍 摄

　　张巍巍对竹节虫产生了浓厚兴趣，继而开始独立的科研，起因是几年前在重庆四面山，发现了一个竹节虫新物种。

　　那是在一个农家的墙上发现的，个头不大，浑身是刺，无翅，仿佛长着六根小辫子的狼牙棒。他查遍了所有关于竹节虫的资料，没有对得上的。于是，发上网到处询问。

　　这张照片引起了一个德国学者的注意，他是一个竹节虫研究专家，判断可能是一个新种。在合作研究、发表这个新种的过程中，张巍巍发现中国的竹节虫研究成果，外界并不知道，因为很多新种都是发表在国外看不到的国内中文期刊上的。同时，国外同行对竹节虫的分类研究，已经有了很多革命性的知识更新，很多科属都做了重大调整，而这些成果一点也没有被国内的学者吸收。中国的竹节虫研究处在一个封闭的状态中，和国外没有进行有效的信息交流。

　　国外的竹节虫研究学者们，建议张巍巍整理一份中国竹节虫名录，让全球竹节虫的家谱能变得完整，这是一个极有价值的学术研究课题。在院校或科研单位做课题，会有事业和经费回报的。而张巍巍作为一个独立学者，没有单位支持，做完了也不会有什么奖励，但由于深受杨先生的影响和熏陶，他其实很愿意义务来做学术研究。

但是，事情远比他想象的艰难。要整理出名录，就需要接触竹节虫的模式标本，至少，要拿到标本的影像资料，以掌握它们的关键特征。但是中国的竹节虫标本，虽然号称属于院校或科研机构，但实际上以出借的名义保存在一些学者手里。申请接触标本，单位没有，而借走标本的人根本不理睬不回应。张巍巍在联系过程中碰了一鼻子灰。只好根据有限的资料，做了一个非常保留的中国竹节虫名录。如果能接触到模式

● 羽化中的竹节虫（2009 年摄于云南盈江）—— 张巍巍 摄

● 钩尾南华竹节虫（2008年摄于海南五指山） —— 张巍巍 摄

● 海南长足竹节虫（2008年摄于海南五指山） —— 张巍巍 摄

● 华竹节虫（2010 年摄于广西大明山） —— 张巍巍 摄

标本，可能很多科属种都需要调整。对张巍巍这个科研方面的完美主义者来说，有保留和局限的事情，是无法忍受的。

张巍巍遇到的另一个问题，是科研需要和国外内行互相快递的标本，会被海关没收。这其实是一个一直困扰我国生物学家的严重问题。死亡的昆虫标本并不会发生有害物种的传播。但是海关常会将珍贵标本扣下，继而付之一炬。

尽管，中国竹节虫名录在国际重要生物期刊以专辑的方式得以发表，他本人也成为国际竹节虫物种库（PSF）中国专家，发表了三个新种，但中国生物研究领域客观存在的学术壁垒，让张巍巍很灰心。他经过痛苦的思考，决定放弃以发表为主的学术研究，把自己工作的重点，放到生物发现的现场，那里，没有人的困惑，却更激动人心，适合他！

中国竹节虫物种的系统整理和修正工作，止步于那一年。

● 红尾天蚕蛾（2010年摄于云南盈江）　——　张巍巍　摄

　　如果说张巍巍的竹节虫研究工作非常接近体制内科研人员的工作的话，他和天蚕蛾的关系则更多带着标本收藏家和民间研究的色彩。

　　收藏天蚕蛾标本，他是深受中科院动物所昆虫学家王林瑶的影响。王老师是北京市少年宫生物小组指导老师之一，也是中国天蚕蛾物种研究的重要学者，发现和命名了一批新种，还担纲了《中国动物志》与天蚕蛾科的相关撰写工作。

天蚕蛾，拥有蝶蛾类个头最大的物种，这个科的多数蛾类华丽绝美，成为中外昆虫爱好者倾慕对象。法国著名电影《蝴蝶》，那位老爷爷为了儿子遗愿，去寻找的蝴蝶伊莎贝拉，其实就是一种天蚕蛾。法语单词"蝴蝶"，其实是包含蛾类的。可见天蚕蛾在昆虫爱好者心目中的地位。

　　中国拥有数量庞大的天蚕蛾种类，国内权威《中国动物志》仅记录 50 多种，而张巍巍自己统计出 150 种左右，他个人收藏已超过百种，其中多数为雌雄均有，成为国内天蚕蛾标本的重要收藏者之一。坐拥标本宝库，给他研究天蚕蛾提供了极大的便利。

● 滇藏珠天蚕（2011 年摄于西藏雅鲁藏布大峡谷）—— 张巍巍 摄

● 被灯光吸引的王氏樗蚕蛾（2012 年摄于重庆四面山）
　　—— 张巍巍 摄

　　百种天蚕蛾标本后面的采集故事，足够写一本厚厚的书，因为很多都得来不易，过程的曲折和艰难远远超出人们的想象。

　　这和天蚕蛾的习性有关。它们白天隐藏于密林深处，夜深人静时才在星空图的导航下，展开优美无比的飞行。天蚕蛾的雄性，一般会在午夜羽化，它们会静静守候几个小时，等待雌性的出现，再完成交配。它们神秘的新婚舞蹈，不为人类所知。

　　根据星空飞行了上亿年，人类发明的灯光给这个华丽家族造成了极大的困惑。笔者曾在《昆虫之美》中写道："灯光下，天蚕蛾成了迷航者。就像冲上沙滩、海滩的海豚，陷入淤泥中的梅花鹿，它们很难表现出平时运动的优美身姿。我们看到的是笨拙的天蚕蛾，它们围绕着路灯狂乱地飞行，最后竟像失去动力的飞机那样栽向地面。"

● 每天灯诱至日出（2008 年摄于海南尖峰岭）—— 张巍巍 摄

    要捕捉到天蚕蛾，所要利用的最好方法就是灯诱。而唯一有可能的时候，是天蚕蛾的羽化期，具体的时间则是午夜至天明。这恰恰是最难熬的时间段。

    披件外套，独坐星空下，守着一盏孤灯，张巍巍独自等待着天蚕蛾的来临。这样的情境是张巍巍的日常画面。

    仅仅为了采集到一种海南树天蚕蛾，张巍巍连续三个冬天飞赴海南，这该是一件多么疯狂的事。

    这是一种个头很小的天蚕蛾，黄色，有着漂亮的波浪形花纹，前后翅各有低调的圆斑，虽然不算特别美丽，但是非常稀少。国内的标本，除了模式标本外基本是空白。原因有两个，一是它的羽化期是冬天，这几乎是昆虫学家不去野外工作的时间，因为昆虫种少，工作性价比太差；二是即使它们出现的时候，数量也确实稀少。

通过资料研究分析，张巍巍锁定了海南树天蚕蛾的羽化期，是每年的 12 月。于是，尖峰岭一个山庄的 12 月的冬夜，连续三年亮起了充满诱惑性的灯光。

这个山庄有一个特点，建筑阶梯一样分布在一座小山上，屋顶开阔，四周均为原始森林。高而开阔，是最佳灯诱位置。

这是一件枯燥的工作，冬天的山庄空无一人，张巍巍呆坐屋顶，白布空荡荡的，连一只大蚊都没有。多数昆虫和其他生命一样，漫长的进化让它们有着明显的生命节奏，春天复苏，冬天沉潜。而且和冬天的温度并无直接的对应关系。因为尖峰岭的冬天其实是很温暖的。

这是中国最南端的山峰，天空经受着海水蒸发气流的清洗。天上的星星仿佛每一颗都经过了小心的擦拭，它们又大又干净，而且带着潮湿的亮光。等待的时候，张巍巍经常仰着头看星空，复习着记忆里的星云图。这算是一个人工作的片刻美好享受。

● 海南树天蚕蛾 雌虫（2009 年摄于海南尖峰岭）　—— 张巍巍 摄

海南树天蚕蛾还真是古怪，非要在这样的季节羽化。除了天蚕蛾最有可能来的时间段，张巍巍会离开灯诱处，打着手电巡山，看看有什么夜间活动的昆虫，自己也可以借此活动一下。

其中一个晚上，已经接近天明，张巍巍巡山归来，一整夜的工作却基本没有收获，他脚步有点迟滞和疲倦。他已经非常熟悉这里的一切，熟练地经过楼道，抬脚上铁梯，转弯，再上铁梯，然后跨上屋顶平台。

就在他抬起的脚快要落到平台上时，突然，他看到脚下有一个小东西，一对发亮的眼睛直视着它。这是什么东西？天蚕蛾？他赶紧强行收回脚，由于失去平衡，他重重地摔倒在平台上。就在摔倒的时候，他都小心地朝另一边倒，以免身体压向那个小东西。

他顾不得自己是否受伤，翻身起来，伸手就把那东西拈起来，咦，还真是只天蚕蛾！居然是他从来没有见过的。这只天蚕蛾体型巨大，棕色，前后翅均有硕大透明的圆斑。刚才他看见的那对眼睛，其实就是它前翅的一对圆斑。

● 华缅天蚕蛾（2009 年摄于云南盈江）── 张巍巍 摄

● 海南鸮目天蚕蛾 雄虫（2008 年摄于海南吊罗山） —— 张巍巍 摄

　　小巧低调的海南树天蚕蛾没等到，却等来了一只巨大冷艳的陌生天蚕蛾，还是闻所未闻的物种。狂喜一下子笼罩了他。他一个人在屋顶转了几圈，高兴得不知道接下来该干什么。

　　张巍巍就这样发现了一个新的天蚕蛾物种，后来他将其取名为海南鸮目天蚕蛾。在鸮目天蚕蛾属中，这个种特征完全不同。唯一和它近似的是隔海的越南的一种天蚕蛾。

　　当然，除了这个意外的惊喜，三个冬天的连续守候，海南树天蚕蛾的标本采集任务也顺利完成，雌雄都齐了。

● 海南鸮目天蚕蛾 雌虫（2009 年摄于海南尖峰岭）
　　 —— 张巍巍 摄

● 一种稀少的透目天蚕蛾（2010 年摄于云南老君山）—— 张巍巍 摄

● 角斑樗蚕罕见的喷水动作（2011 年摄于四川平武）—— 张巍巍 摄

● 大尾天蚕蛾马来亚种（2016 年摄于婆罗洲） —— 张巍巍 摄

和海南树天蚕蛾相比，还有一种天蚕蛾同样罕见，却更具有价值，那就是华缅天蚕蛾。

张巍巍是这么描述华缅天蚕蛾的：它其貌不扬，甚至可以说有些丑陋！它的大小与常见的凤蝶相仿，土黄色夹杂着非常稀疏的暗红色鳞片，翅膀上除了几条斜线和很小的四个圆圈之外，几乎没有什么可圈可点的地方了。然而，它却是中国最为神秘的飞蛾之一。在以往的由国内学者发表的各种科学记录中，找不到它的任何蛛丝马迹，就连权威的《中国动物志》也完全将它忽略！国内没有任何一个科研机构或昆虫爱好者知道它的存在，或收藏有它的标本。

1934 年，瑞典昆虫学家马莱斯在中缅交界的山野里，发现了一种黄色的蛾子，后来确认是新物种，取名为华缅天蚕蛾。

华缅天蚕蛾的价值究竟在哪里？华缅天蚕属隶属天蚕蛾科的耳天蚕族，这个家族除个别种类发现于大洋洲以外，都分布在马达加斯加岛和非洲大陆。和华缅天蚕蛾亲缘关系最近的种类全是非洲的。研究表明，它们的共同祖先应该生活在东冈瓦纳古陆的印度和马达加斯加地区，在晚白垩时期由于大陆漂移才天各一方，逐渐分化成不同的种类。因此，华缅天蚕蛾是子遗在亚洲大陆上的古代耳天蚕蛾活化石，是评估我国生物多样性价值的重要筹码。

作为天蚕蛾的研究人，张巍巍不能容忍国人在这个重要物种上的研究及标本收藏方面的空白。

他出发寻找华缅天蚕蛾的时间，恰好是去五指山，遭遇满天旱蚂蟥的前一个月。寻找华缅天蚕蛾的计划，得到了两位朋友的响应。地点，他们一行三人锁定了云南的德宏傣族景颇族自治州盈江县的铜壁关自然保护区。时间，五月，张巍巍也是从仅有的外文资料中查到了华缅天蚕蛾的发生期。

那一次，他们先用一天的时间穿过了保护区，对植被比较好的地点都作

● 弗瑞深山锹甲（2010 年摄于云南盈江）—— 张巍巍 摄

● 那邦的小河，对面就是缅甸 —— 张巍巍 摄

了记录，作为后面的预备重点搜索区或者灯诱点，而当天的目的地，是距马莱斯发现华缅天蚕蛾地点最近的那邦镇。

到达那邦后，张巍巍发现这一带几乎没有原始森林，小镇的四周都开垦成了菜地，菜地的后面是依循山势的丛丛橡胶林。从 20 世纪 60 年代

● 过手米线 云南边陲的特色美食 —— 张巍巍 摄

开始，在云南省被选中广泛种植橡胶后，历经几十年，很多原始雨林都变成了整齐的橡胶林。那么，这儿还会有华缅天蚕蛾吗？

不过，隔一条小河就是缅甸，那边的植被倒是好得很。他们选择在宽阔的河边灯诱，这是一次华丽的灯诱，各种昆虫接踵而至，令人眼花缭乱。特别是

● 格彩臂金龟（2010 年摄于云南盈江）—— 张巍巍 摄

甲虫，不仅数量多，还有难得一见的珍稀种类，比如背上有着漂亮的金属般的刻点的格彩臂金龟，臂金龟雄性的前足超过身体的总长，看上去很有点昆虫界长臂猿的意思。除了目标昆虫华缅天蚕蛾，真是应有尽有。三个人忙了一晚上，手都有点发酸了。

第二天，他们决定按前一天记录的那几个环境很好的点依次往回走，尝试灯诱华缅天蚕蛾。可惜，一切都不顺利，先是一晚大雨，后来找到的第一个目标点又停电，几天就这么"浪费"了。其实，虽然没搞到灯诱，他们白天寻找到的别的昆虫还是不错的，据说还享受到了边民们奇特的美食。

后来他们终于找到一个有电的村寨——金竹寨，灯诱才又开始了。和在那邦一样，灯诱的效果总是好得出奇，那一带可能根本就没有出现过 450 瓦的巨亮灯光。当然，也和在那邦一样，华缅天蚕蛾并没出现。

张巍巍开始焦虑了，没事就拿着地图琢磨。从地图上看，那邦通往盈江的公路有一条支路通往另一侧的中缅边境小镇昔马，那一带似乎离马莱斯采到华缅天蚕蛾的地点也很接近。他决定转移战场，把后面的时间全部用到昔马。

　　昔马并不置身于原始雨林中，它周围是无边的农田，离森林太远，华缅天蚕蛾有可能飞不过来。他们打听到附近有几个水电站就在森林里，还有电！其中有一个较大的水电站还能住人。他们赶紧包车往水电站赶。

　　半路上，一个坏消息把他们打蒙了。因为那个能住人的水电站扩建，路都封了。看来，只好回镇上了。"能不能去一个小水电站？"张巍巍还不死心。

　　车晃晃悠悠地来到附近的一个水电站。"我们没有住的地方，没法接待！"在好奇地听完他们的来意后，电站的负责人一口回绝了。

　　三个人悻悻地在水电站转悠着，看看附近的环境，也看看有没有灯光诱来的什么东西。

　　一幢小楼，前有院坝，四周全是密密雨林，真是灯诱的绝佳地方！张巍巍一边看一边想。

● 从昔马小水电站向外望去 —— 张巍巍 摄

● 长尾天蚕蛾（2011年摄于重庆四面山）—— 张巍巍 摄

● 为了守候华缅天蚕蛾，张巍巍在这个三面透风的车棚度过了整整三天
—— 张巍巍 摄

突然，他的目光凝固在了楼梯的栏杆上，那里，有一只蛾子，黄色，大小与普通凤蝶相仿。张巍巍的心"咚咚"地剧烈跳了两下：华缅天蚕蛾！虽然从未见过，但是他非常肯定。为了寻得这只貌不惊人的蛾子，他在心里已经揣摩好几个月了，非常肯定它应该是个什么样子。

他一个箭步冲过去，轻轻捏在手里，仔细察看了一番，只见它身体和翅均为土黄色，翅有一些红褐色的鳞片，眼斑偏小，停留过的栏杆上还有一排卵。果然是华缅天蚕蛾，还是雌性。

不能走了。也许，还会有更多的华缅天蚕蛾呢。他们放走了车，直接赖上了水电站。

晚上，还真没有住的地方，他们在车棚里待了下来，当地人好心地提供了桌子和两把椅子。毕竟是山里，入夜后非常寒冷，他们把所有能穿的都穿上了，仍旧无济于事，因为车棚三面透风，没有任何遮挡。

● 天使长尾天蚕蛾（2012年摄于重庆四面山）—— 张巍巍 摄

　　一个晚上就这样熬过去了，但是并没有华缅天蚕蛾飞来。另外两个坐了一晚上的朋友扛不住了，第二天回了镇上。张巍巍还舍不得走，一个人继续在车棚里苦守，他想至少要等到一只雄华缅天蚕蛾。三个晚上过去了，一无所获。他判断华缅天蚕蛾的发生期已是尾声，加上72个小时没怎么睡觉，在寒冷的车棚里已无法坚持，只好带着遗憾撤退。

　　第二年，他独自一人，又来到这个水电站。水电站的负责人彻底被这个寻找蛾子的怪人打动了，他想办法腾出了一间屋子给他使用，虽然没有床，但是有桌椅，还有电炉取暖。

　　几个深夜的守候之后，他成功地捕获到华缅天蚕蛾，雄性。

● 伤螳蛃 —— 张巍巍 摄

　　1914 年，昆虫纲的一个新目蛩蠊目被发现。之后，在现在种类中昆虫纲的目级分类维持了 80 年一动不动。难道世界上种类最多的昆虫，已经没有被遗漏的家族了？2001 年，昆虫学界的"地震"终于发生了，当时还只是研究生的昆虫学家 Zompro 收到一块波罗的海琥珀，里面有一只奇怪的虫子，看上去是一只竹节虫，却有一些螳螂的特征。这让他想起了几天前访问美国自然博物馆时，看到一件来自坦桑尼亚的标本，也是一只类似的奇怪的虫子，没人知道它是什么。两个不同来源，时间相距遥远的标本，突然联系在一起，Zompro有点激动。他开始有目的地搜索，果然，又在柏林自然博物馆发现了类似的标本。随着研究的继续，昆虫纲的新目螳䗛诞生了。

一块虫珀居然引发了一个新目的诞生！张巍巍也为之激动不已，他也是从那个时候开始了自己和虫珀的缘分。总得尝试一下，看看是否也能找到有螳䗛的琥珀吧。他开始在网上搜索，这个能力是在集邮时练就的。很快，他购得一

● 孵化中的草蛉（缅甸琥珀）—— 张巍巍 摄

● 羽化中的蜚蠊（波罗的海琥珀）
—— 张巍巍 摄

块看上去像是螳螂的虫珀。虽然后来证实这其实是一只竹节虫，但竹节虫在琥珀里也是很少见的，他很满意自己的尝试。但波罗的海确实太远了，大量收集虫珀并进行研究，是不太现实的。

2008年起，为了寻找华缅天蚕蛾，张巍巍来到滇西，开始是盈江，后来这一带丰富的昆虫引起他的浓厚兴趣，在完成华缅天蚕蛾寻找任务后，他继续前往腾冲、瑞丽等地寻访各路奇虫。其间，也没少逛珠宝市场，让他遗憾的是，琥珀还没有成为人们重视的收藏，所以看不到有琥珀出售，自然，虫珀就更没有了。

缅甸的琥珀大约是在2012年成为收藏市场的新宠，甚至在腾冲珠宝市场占据一半江山。网上，也开始出现缅甸虫珀。张巍巍居然从网上发现一只螳蛉的缅甸虫珀。历

● 象甲（缅甸琥珀）——张巍巍 摄

经周折，他以不菲的价格买下来后，重燃对虫珀的兴趣。于是，他重返腾冲、瑞丽，对缅甸虫珀进行全面了解。

通过一个阶段的调查研究，张巍巍发现缅甸虫珀，还真是大有研究价值，虽然和传统的波罗的海、多米尼加虫珀相比，缅甸虫珀不够纯净通透，但是昆虫种类繁多，和仍在地球生存的物种差异极大，有的到了令人目瞪口呆的地步。其中必定包含人类没有充分认识到的物种，发现新种新属甚至新目都是有可能的。同时，相较已被研究充分的其他区域虫珀，缅甸虫珀还是刚被认识到的昆虫研究的宝藏。

张巍巍下了决心，要系统收集缅甸虫珀，并进行研究。由于收藏热的持续升温，缅甸虫珀的价格正在节节攀升，系统收集是需要钱的。想到钱，他有点犯愁了。想想自己追逐兴趣的过程：专题集邮，花钱不赚钱；昆虫考察和标本收藏，花钱不赚钱；昆虫科研和论文发表，花钱不赚钱。体制内的科研人员，有了成果，就有经费和职称。成果对他这个爱好者，全然无用。他感兴趣的是昆虫纲那些还没有被人类发现的种类，陌生而神秘，那是一个无与伦比的世界。和这个世界比起来，个人的其他什么，真的无足轻重。

好在，张巍巍有一位好太太，她明白他的爱好，更明白他研究的价值。在太太的支持下，他把家里几乎所有的钱，都花在了缅甸虫珀的收集上，几年下来，买虫珀的花费很快就超过了百万元。

● 陈氏西尔瓦蚤蝇，世界首次在琥珀中发现的蚤蝇（缅甸琥珀）—— 张巍巍 摄

● 旌蛉幼虫（缅甸琥珀）—— 张巍巍 摄

● 集昆虫蛹，世界首次在琥珀中发现的灭绝昆虫类群（缅甸琥珀）—— 张巍巍 摄

　　张巍巍很快就成了琥珀商人知晓的虫珀买家，一有什么稀奇昆虫，就会有人联络他。

　　一天，张巍巍正在参加会议，一个琥珀商家通过微信发了几张虫珀照片给他，说这个不错，1 000多元，要不？

　　照片不是很清楚，张巍巍看不出来是什么，加上正在开会，就没有要。

　　第二天，另一个琥珀商人联系张巍巍说找到个好东西，估计你感兴趣，然后发来几张照片。当时，张巍巍在外办事，看了看，和前一天是相同的。那人说，你要的话2 000多元吧。"算了，我不要。"张巍巍回绝了，这什么事啊，同一个东西，换一个人就加了1 000元。

　　又过了一天，又换了一个商人，给张巍巍发照片，还是同一个东西，要价4 000多元。这个商人比较专业，他重新拍摄了虫珀，让里面的昆虫清楚得多了。特别是有一张照片能完全看清楚昆虫的前翅，翅脉像是鞘翅目

● 捻翅虫（缅甸琥珀） —— 张巍巍 摄

的。但是一看触角，又不对了，鞘翅目昆虫的触角是 11 节，而这个东西，好几十节！天哪，这是个什么东西啊。

　　张巍巍想到了一个目，原鞘翅目。这是一个已经灭绝的目，也很可能是鞘翅目进化过程中的一个过渡的形态，大约出现在二叠纪至白垩纪。目前，这个古老的昆虫都是在化石里发现的。原鞘翅目，在化石里早已压成了二维的形态，而且从来没有找到过完整的标本形态，对它的描述，是科学家们根据碎片拼凑出来的。如果这是原鞘翅目昆虫，那还真是个不得了的东西，而且从大小来看，也符合。

　　著名昆虫学家杨星科，鞘翅目专家，也是杨集昆先生的弟子，给张巍巍提到过，在虫珀收集过程中，留心一下能不能找到原鞘翅目的标本。如果有的话，能彻底补上鞘翅目昆虫进化过程中这还属空白的一个小环节。

张巍巍不敢还价了，4 000多元把这个虫珀买了下来。虫珀到了，他拿着琥珀对着灯光看了又看，还是看不太清楚。

他想起了之前就打算尝试的一种琥珀拍摄法，固定相机机位，对琥珀进行多次拍摄，再挑出几十张叠加，可以得出虫珀里的昆虫的锐利照片，能看清昆虫的细节，从而进行分类研究。

干脆，就从这只疑似原鞘翅目虫珀开始吧。他买了台佳能7D，把它固定安装在解剖镜上，相机连接电脑，通过电脑进行拍摄操作。这样的好处是显微镜和相机都不会因按快门而引起微小的震动。

房间从此被枯燥的快门声音填满。后来，这台佳能7D，就在这支架上完成了近10万次的拍摄，快门寿命消耗殆尽。

● 蟾蜍把沙石背在背上（缅甸琥珀）—— 张巍巍 摄

在经过相机的几十次拍摄、重叠之后,这只昆虫的基本面貌出来了。但是,张巍巍更糊涂了,这东西的特征和原鞘翅目的特征对不上。这东西一定很特别,可能,不亚于找到一只原鞘翅目昆虫标本。他作出了这样的判断,他觉得值得去和机构以及更多的科学家合作,请采用更先进的扫描成像技术和对昆虫形态有特别研究的学者们,对它进行深入研究。

● 食蛛长足蛉,白垩纪的捕蛛怪虫(缅甸琥珀)—— 张巍巍 摄

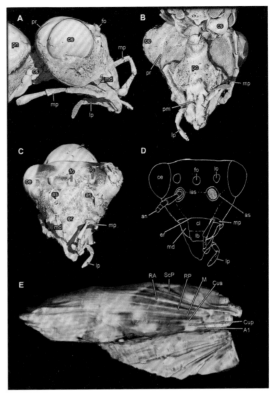

● 奇翅目微 CT 扫描图 —— 白明 供图

他找到了中科院的杨星科小组合作，几个学者看了一通，面面相觑，和张巍巍一样糊涂。但是他们认同张巍巍的判断，这东西很不一般。

杨星科小组开始了对这块虫珀漫长而枯燥的研究、扫描、重建影像，找到外国专家合作研究——有很多国外高手，对于昆虫形态甚至一些特征的小细节的敏感是大师级的。到最后，螳螂目的发表者也参与了对这块不同寻常的虫珀的研究，他要求得到更清晰的昆虫生殖器部分的重建图像。

杨星科小组的学者们尝试了找国内其他机构反复扫描、重建图像，终于，得到了一个非常清晰的生殖器影像。

同时，重建图像还解决了张巍巍和伙伴们的一个困惑，因为琥珀里昆虫的翅的末端挤在了一起，就看不出它有没有尾须。通过重建，发现它是有尾须的。这就彻底排除了它和甲虫类昆虫的关系。它的前翅也被发现非常短小。

这个神奇昆虫的体型特征，就这样在严谨而先进的影像重建过程中，被一点一点地揭示出来。每一个进展，都让它远离已知的昆虫种类，也让他们更加激动。

白垩纪缅甸琥珀生物复原图 —— 蒋正强 绘

外国科学家刚开始认为这是一只没有发现过的古螳螂，因为生殖器对得上螳螂的特征。但是随着进一步的研究，国内外科学家一致认为，这其实是一个新目，是人类还没有发现过的全新的昆虫家族，虽然，有可能是已灭绝的。

这个新目被定名为奇翅目，这是中国昆虫学家第一次通过琥珀发现昆虫纲的新目，张巍巍也由此成为新目的发现者之一。这是一个伟大的成就，虽然不会给他带来任何收益，对他的工作和生活的影响也微乎其微，但巨大的满足感让他欣喜若狂。遗憾的是，他的恩师杨先生没有看到这一个成果。

奇翅目，介于蜚蠊和螳螂之间的一个"不成功"的演化分支，是昆虫进化过程中缺失的一环。它们曾经生存在古老的地球上，存续长度远远超过迄今为止的人类，它们善于攀爬，能飞翔，以捕食其他小型昆虫等为生。

"它有着螳螂的头，但是搭配的是更优雅、修长的身体，很特别，很漂亮。"张巍巍说。他很欣喜自己发现了这个神秘的家族，正是它们这样的物种，构成了无与伦比的精灵世界。

● 奇翅目 —— 张巍巍 摄

ZHIWU LIEREN

植物猎人

——植物学家刘正宇考察记

● 明中乡暖水河 —— 李元胜 摄

● 考察队员在野外合影 —— 慕泽泾 摄

　　1999 年初夏的一天。雨后的重庆市药物种植研究所，空气中弥漫着香樟树叶的浓烈香气。资源室负责人刘正宇和同事们正为即将开始的野生重点植物资源调查作最后的准备。马上，他们就要出发，在这个多雨的季节，从重庆南部的金佛山出发，去往最北端的城口县大巴山区。

　　艰苦的山区考察就要开始了，同时，一个相对陌生的自然宝库的门也在徐徐打开。对一年有 200 多天都在山上度过的刘正宇来说，虽已成了家常便饭，但还是忍不住喜悦之情。看上去，这和以前的无数次出发并没有什么区别。但是，一个北京打来的电话，给这次出发赋予了特别的意义。

电话是著名植物分类学家、中国科学院植物所研究员李振宇打来的。他得知老伙计刘正宇要去城口搞资源调查，激动不已，赶紧打电话来提醒他，城口可不是简单的地方，特别是消失百年的崖柏，一定要利用这个机会重点调查。刘正宇和李振宇，植物圈内戏称他们为"南北正（振）宇"，都是中国式的植物猎人，李振宇在苦苣苔科植物等领域贡献非凡，他们共同发现过很多新的物种。李振宇还有一个身份是中国濒危物种科学委员会委员，这个委员会是国

● 城口明中的崖柏 —— 张军 摄

● 侧柏 —— 张军 摄

家1981年4月正式参加《濒危野生动植物种国际贸易公约》后，于1982年在中国科学院作为履约的科学机构而成立的。所以，李振宇关注的视野远比他自己擅长的领域广阔。

崖柏！刘正宇被这个电话所传递的信息深深迷住了，他一边检查行装，一边陷入了沉思。

崖柏，柏科崖柏属，鳞叶，小枝扁平排列。雌雄同株。雄性球花单生枝顶，具多数雄蕊，花药4个；雌球花具3～5对珠鳞。球果当年成熟，长圆形或长卵圆形。种子革质扁平，两侧有翅。作为世界上最珍稀的裸子植物，崖柏在白垩纪曾繁盛一时，遍及全球。随着地球气候环境发生剧变，不能适应的大量古生物相继灭绝。崖柏的树龄极长，可活数百年，而且能在水土缺失的岩石缝里生存，所以凭借顽强的生命力，艰难地存活了下来。当然，种群和数量减少严重，已是地球上极为罕见的活化石物种。

崖柏近年来成为国内文玩圈的新宠，大红大紫，但市面上流行的其实多数不是真正的崖柏，包括所谓泰山崖柏和太行山崖柏，都只是侧柏而已。目前，崖柏属仅有五种，另外四种分别是：北美地区有北美香柏和北美乔柏、东亚有日本的日本香柏、生活在朝鲜和中国的朝鲜崖柏。这四种因为物种珍稀，都实现了园林化种植，被较好地保护着。而中国大巴山的崖柏，从中文名看，还是崖柏属的属代表，却命运多舛，生死未卜……

1892年，法国传教士法吉斯只身来到大巴山腹地的城口地区传教。传教士同时多是旅行家和博物学家，法吉斯也是一位专业修养很高的植物爱好者，喜欢在传教之余采集植物标本，到1900年回国时，他已收集到5000多个植物标本。他在城口东南部咸宜溪（海拔1400米处）的石灰岩山地首次采集到崖柏标本，回国后被巴黎自然历史博物馆收藏。

之后的百年间，植物界有人多次寻找崖柏，却始终没能再次看到它的踪影，更没有植株和新标本的出现。1998年，世界自然保护联盟正式宣布崖柏从地球上消亡。我国相关部门也将崖柏从《国家重点保护野生植物名录》中抹去。

而像李振宇等中国重要的植物学家，对此是无奈又很不甘心的。如今，既然有了一次涉及城口的重要植物资源调查，怎能错过对崖柏的寻找？关于植物界的这个百年悬疑，太重要了。这个神秘的物种是否仍然存在，这次一定要搞个水落石出！刘正宇下了决心。

● 第二次重点保护植物调查城口队和开县队在雪宝山会师 —— 罗舜 摄

● 柏木 —— 张军 摄

　　决心下了，但莽莽大山、茫茫林海，他们一行五人（其中两个为城口县林业局员工）如何大海捞针，找到法吉斯采摘过的这种植物？百年来，谁也没有见过真正的崖柏，他们几个更是连标本都没有见过。

　　崖柏属里，和崖柏最接近的是朝鲜崖柏，两者的区别只是崖柏的鳞叶小枝下面无白粉，中央之叶无腺点。最简单的方式看起来是，从外形上找到小枝整齐排列成一个平面的柏树，是崖柏的概率就很高。当然，这个方式的主要缺陷是，侧柏也有类似的特征。所以，找到这个外形特征，如果还能排除侧柏，那么概率就很高了。如何排除呢？最简单的方法就是找到果实，看它的形状，特别是看它的种子，是否有着一对侧翅。有，那就是崖柏。他们就只能这样根据已有物种资料的描述去寻找了。

　　开始调查的时候，事情进展得出奇顺利。他们刚到蓼子乡，一个乡亲听完他们要寻找的植物特征后，非常肯定地说，有！按照乡亲的指引，他们攀爬上一处山崖，来到乡亲所说的"崖柏"跟前，发现这只是一株柏木，柏木属物种，也就是人们最常见到的普通柏树。

● 城口北屏乡的山道 —— 李元胜 摄

刘正宇一点也不感到意外，由于崖柏属植物与松科、柏科庞大的物种有着很多类似的特征，松树的果实、柏木的枝叶，对没有经过植物分类训练的人来说，误认的概率很高。

随着进一步的走访调查，他发现，当地人说的崖柏，只是长在崖子上的柏树。村民只是觉得长在那些陡峭的悬崖上的柏树更有韧性，并没有能力去区别它们各自的不同。所以生长在崖壁上的柏木（普通柏树）、高山柏、香柏、刺柏、侧柏都被当地人统称为崖柏。

一天，在城口西边的河鱼乡，刘正宇和考察队员们锁定了一种柏树。扁平的鳞叶小枝，符合崖柏的特征。这种柏树长在很高的崖上，为了采到有果实的枝条，他们小心地往上慢慢攀爬，不断接近目标。

路过的老乡看到他们爬那么高，惊叫起来："你们爬那么高干啥？危险！石头是松的，摔下来就没命了！"

的确，他们脚下的石头很松动，走过时，不断有小石块滚落。他们没有后退，只是更小心地继续前行。非常幸运，他们从目标柏树上还真采到一枝有果的标本。

刘正宇拿到手里仔细看了看，心里一凉。果实形状不对。这不是崖柏，这是侧柏。

又一天，在白芷乡（后来并入双河乡），他们发现一条河的对岸生长着疑似崖柏的树。河水湍急，为了安全，他们手拉手集体过河，结果在水深处，队伍一摇晃，人体链条断了，有两个队员被激流冲走，大家一阵惊呼。好在有惊无险，他们迅速被冲到河的一侧，只是湿了衣裳。

历经周折，柏枝采到了，刘正宇又一次仔细研究。果实形状不对，还是侧柏。这样的惊喜，紧接着再失望，已经重复了好几次。崖柏，真的存在吗？

在大巴山腹地的茶树村的一户人家。村民一听他们找崖柏，笑了，说以前我们这儿多得很，都用来修屋和打成家具了。

他们在屋前屋后仔细察看，村民还真没吹牛。他家用的梁柱、门板等木料还真不同于别的柏树。据了解，这些高大的柏树都是长在崖上的，被砍伐后会直接从几十米的高空落下，但是它们韧性极好，没有摔断。用斧头去敲它们，会感觉到木材的极好弹性。和其他柏树的最大不同是，它们的耐腐能力也很惊人，村民用作猪圈材料，20多年后依然保持得完好。村民还视崖柏为最好的寿木，很多家庭都会为老人备下一些。

●过河 —— 张军 摄

这些木材有可能就是他们要找的崖柏！刘正宇判断。在这个村继续了解，才知道，由于崖柏树形挺拔，20世纪70至80年代，附近村民开始大量砍伐，盖房打家具。一位村民说，就连他家的饭桌，也是在山上捡别人砍剩的崖柏材料加工而成的。那棵崖柏，砍了两天才倒。不过，那些年之后，当地人再也没见到崖柏的身影。

　　当地的一位护林员介绍说，崖柏的繁殖能力较差。据他的调查，杉树被砍，根部或树桩会重新发芽，但崖柏不会。刘正宇分析，古老的树种一般与周围生长的小环境存在密切共生关系，崖柏幼苗时期要依靠小环境中的微生物帮助汲取养分，一旦周围环境遭到破坏，将会降低甚至丧失繁殖能力。

　　他们决定向大山深处继续挺进，特别是人迹罕至的地方，没有人类的砍伐，或许有崖柏侥幸存活下来。

● 崖柏 —— 张军 摄

他们深入了岚天乡的黑老拔原始森林。身着迷彩服，头戴红帽子的刘正宇左手持弯刀，右手持棍，沿着一条山道独自前行，一路采集着植物标本，不知不觉和后面的队员相距已有几公里。他眼前出现了一个用树枝和杂草搭成的窝棚，里面无人，视线范围内的物器仿佛是新石器时代野人用的。此地已接近这个山头的山顶，看天色不早，冷风四起，刘正宇只好回头下山。

没走多远，前面竟出现一头强壮的黑熊。只见它全身乌黑，下颌略有

● 明中乡的进山小道 —— 李元胜 摄

白毛，两只耳朵倒是圆圆的，有点萌。刘正宇心中一惊，但并没有立即转身逃走。他知道示弱的结果可能会更惨，后背大开地逃跑，反而会刺激起野兽的杀戮本性。他拼命保持冷静，身体纹丝不动地站在原地，静观其变。

见陌生的闯入者如此镇定，黑熊不由一怒，呼地站了起来，它的身躯高过了刘正宇，这是个示威动作，表示它是强大不可欺的。刘正宇仍然保持不动，右手的棍和左手的弯刀，也传递出不太好惹的信息。黑熊站了一阵，有些迟疑，几分钟后它选择了避让，离开小道，缓慢地走进了林子，连头都不回。此时，刘正宇长长地出了口气，已紧张得浑身是汗。

就这样，刘正宇带领考察队，搜索了城口县内的蓼子、明中、燕麦、白芷、双河、厚坪、明通等乡镇的任河、前河流域一带的陡坡峭壁，仍然一无所获。

一转眼三个月过去了，其间经历的辛苦一言难尽。交通不便，是他们遇到的最大困难，不少地方要步行两天才能到。就是通车的地方，也未必顺利，堵车是常有的。那时的城口县，不比现在有高速路和快速通道与重庆主城区连接。他们有次从万源进城口，途中须翻越八台山，结果在山上遇到大堵车，被整整困了三天。公路两边的农民家里能吃的，都被困在途中的司机和旅客买

完了，最后大家连未成熟的苞谷和苞谷秆都分食了。那时也没有手机，单位和城口县林业局都同他们失去了联系，他们就这样在八台山"失踪"了三天。

1999 年 10 月 15 日，这看起来又是普通的一天。他们来到了城口东南边的明中乡的龙门村。这又是一个从县城需要步行两天才能到的边远村子，四周的植被保存得非常完好。在和村民交流时，一位村民说他见过他们要找的崖柏，而且这附近的山里就有。得知这一信息，他们又兴奋起来，沿着山谷仔细寻找。

没多久，刘正宇就在溪边发现一株柏科植物。小枝排列成扁平面，鳞片较大，深绿色。他从未见过，更没有类似的标本。他马上警觉起来，这，很有可能就是崖柏。他把枝叶揉来闻了闻，空气中悠悠泛起一股类似于苹果的香味，这和其他柏树可不一样！

● 明中乡冷水河 —— 李元胜 摄

● 崖柏的球果 —— 张军 摄

仅仅这样是不够的,他需要带果的枝叶。而这棵柏树上没有果,由于花期已过,它也没有了雄花。想起和村民交流时,村民非常肯定地说,这种崖柏不结果,他从未见过它的果实。难道它们是真的不结果?

他们扩大了搜索范围,在视线范围内,发现小河对岸的崖壁上有不少植株,和这棵很类似。兴奋的他们,甚至顾不上脱鞋,来不及考虑衣裤是否被打湿,就扑了过去。

一个来自城口林业局的考察队员敏捷地爬上了树,从背后抽出弯刀,砍下一小段树枝,扔了下来。还说,与下面那株一样,没有果。

刘正宇接着树枝,拿到手里翻来翻去看,忽然发现有果,但很小,只有黄豆那么大。他恍然大悟,原来这种柏树的果实很小,要仔细看才能发现,怪不得乡亲们说没见过结果。从果实和里面种子的形状,他判断这就是崖柏。

● 崖柏 —— 张军 摄

趟河回来的时候，刘正宇紧紧抓住树枝高高举起，不顾自己衣裳湿透，却唯恐标本有闪失。队员们个个欢天喜地，有说有笑，三个多月的焦虑及疲惫一扫而空。

稍稍平复了一下激动的心情，刘正宇就给李振宇打电话。突如其来的好消息让李振宇又惊又喜："赶紧把标本寄到北京来吧。"

从明中出来的刘正宇，带着这一份特别的植物样本，匆匆赶到了离城口县最近的万源火车站，连夜踏上了开往重庆的火车。第二天，就把标本快递给北京的中科院植物研究所。

几天后，李振宇收到标本，他立即邀请植物所的裸子植物专家傅立国共同鉴定，傅立国认真研究了标本，很肯定地说，这就是崖柏。

傅立国还让他的一个博士研究生把标本带到了法国，请国外同行把它与法吉斯百年前采回的标本进行了详细比对。没有问题，这就是崖柏。

● 珙桐（国家一级保护植物）—— 张军 摄

1998 年被世界自然保护联盟宣布灭绝的崖柏，就这样通过中国植物猎人的百日追踪，一年之后就奇迹般地被找到了。消息一经宣布，立刻在学术界引起了轰动，很多报刊都第一时间进行了报道。

　　崖柏找到后，对它的种类分布的调查仍在继续。刘正宇和考察队员又以崖柏再次发现地为圆心，扩大区域进行了拉网式的搜索，在咸宜乡葛藤村的密林中，又发现了高大的崖柏群落。随后，开县（今开州区）也发现了崖柏。而其他报称有崖柏的四川万源和重庆其他区县，则被陆续排除。从地图上看，5 000 多株崖柏目前仅生存于重庆城口县和开县交界的一字形山岭的两侧，其实只有一个很小的区域。

　　2003 年，大巴山南麓的城口县境内 13 6017 公顷的区域被划为重庆大巴山国家级自然保护区。该自然保护区属于森林生态系统

● 红豆杉（国家一级保护植物）—— 张军 摄

● 左图：红豆树；右图：红豆果 —— 张军 摄

类型，主要保护对象是亚热带森林生态系统及其生物多样性、不同自然地带的典型自然景观以及典型森林野生动植物资源。保护区内有维管束植物 210 科 3 481 种、陆生野生动物 139 科 656 种，其中有珙桐、红豆杉、独叶草等国家一级保护植物和 40 种国家重点保护野生动物。专家分析说，该保护区能迅速成为国家级保护区，很大程度是因为区内崖柏的野生群落在 1999 年被刘正宇和他的队友们发现。

贰 TWO

● 穿过杜鹃花海的山道 —— 李元胜 摄

金佛山北坡脚下有一条河，叫龙岩河，它收集了北坡和东坡的溪水，有了足够的实力和耐心，不慌不忙地向山外蜿蜒流去。当然，山洪暴发的时候，它没有这么安静，很多巨石和泥土会被它裹挟而下。三泉镇所在的那一个平坝，很可能就是在遥远的年代，这样慢慢淤积形成的。

就在这个平坝里，1937年，重庆市药物种植研究所的前身——国民政府行政院赈济委员会创办的垦殖区成立了，办事处就设在三泉。这是在1937年，卢沟桥事变

爆发，抗日战争进入了最悲壮也最激烈的阶段。大量难民和伤员涌进西南后方，如何安置他们成为一个巨大的问题。金佛山的垦殖区就是这样出现的。

1942 年，随着战事的继续，日本鬼子在东南亚开辟新的战场，切断了通往中国的运输线，战场上急需的药物奎宁昂贵难求。农垦区便由种粮食改为栽种常山。这是一种绣球属的常绿灌木，快开的花蕾像一堆带点紫色或蓝色的珍珠，开花后有点肉肉的质感。在救治疟疾病人的时候，常山的根因含有常山碱，可以阻断疟原虫与蛋白结合，从而替代奎宁。常山有一定的副作用，有小概率出现呕吐，体弱者更有危险。但是在战火纷飞的年代，救命为上，这点副作用已经顾不得了。金佛山垦殖区就改名为农林部中央林业实验所常山种植实验场。

刘正宇的父亲刘式乔，湖南人，本来在金陵大学学化学，后来改学农学，国立中央大学农学院农艺系毕业。1942 年，29 岁的他追随自己的老师——留美博士、植物学家孙醒东，从学校来到三泉，成为常山种植的关键性人物。抗战期间，这个实验场植物和农学专业人士高密度聚集，仅留学归来的博士就有 20 多个。

不过，即使种植的任务紧急，即使安置难民重要，生产还是不能顺利进行。实验场的工人经常无缘无故就失踪了，因为国民党军队也会在这一带抓壮丁，他们也不会管你是农民还是工人，抓了就走。经常受这种惊吓，其他工人有时也一哄而散，避难远去。刘式乔经常面对空无一人的农场叹气，满腔科学救国的热血没得地方洒。

● 金佛山西坡远眺 —— 李元胜 摄

1947年，刘式乔和同事们在实验场常山苗圃建立了药用植物标本园，这是我国最早的药用植物园。

1950年，南川解放后，刘式乔一直担任常山种植试验场的管理工作。作为专业性人才，他在中药材栽种以及对野生药用植物的识别与采集方面积累了丰富的经验。受父亲的影响，刘家的孩子们自幼就对野生植物有着浓厚的兴趣。作为最小的儿子，刘正宇就出生在这样的家庭里。

刘正宇读五年级的时候，突发重病，患脑膜炎昏迷不醒，医生都准

● 南川金佛山的常山 —— 张军 摄

备放弃了，一家人陷入了绝望。在家里，从外地匆匆赶来的父亲，因关切太深，慌乱中束手无策。

这时，一个白发苍苍的邻居，在旁边喊道："刘场长，你们哭啥，赶紧想办法嘛。"

刘式乔这才如梦初醒，让家人帮忙强行扒开小儿子的嘴，把平时家里备的一款提气开窍的药，冲成药汤灌了下去……小正宇终于慢慢睁开了眼睛，后来病也逐渐好了。

刘式乔从未说过这副药的成分，很多年后刘正宇觉得那副药应该有麝香、人参什么的。但这件事情在当年传得很神，人们都说他用的是金佛山灵芝草熬的汤，那是当年一个传说中的仙草，此草有起死回生的功效。传说太多，连刘正宇都相信了，他去向父亲求证，忙碌的父亲一笑了之，不置可否。他总是太忙，顾不上照顾自己和家人，更顾不上回答这样的离奇问题。

能不能自己去寻找灵芝草呢？刘正宇心里闪过这个念头。自此，他和小伙伴最喜欢做的一件事，就是去附近的山野里寻找灵芝草。

● 柴黄姜（珍稀濒危药用植物）—— 张军 摄

一天，在一个叫千佛岩的悬崖上，刘正宇和小伙伴们发现了一种生长在悬崖绝壁上的翠绿色植物，开着金黄色的花朵，一串串的，在阳光下晃动。这是不是就是灵芝草呢？大家都兴奋起来，想尽了各种办法把它采下来。

竹竿捅，扔石头去打，掏出了弹弓射击……折腾了半天，终于打下来一片叶子，这叶子晃晃悠悠地落进了水里。刘正宇从水里把叶子捞了上来。阳光下，这叶子果然与众不同，还有一层银色的细绒毛。

找到灵芝草喽！小伙伴们簇拥着刘正宇，刘正宇则紧紧攥着这片

● 八角莲花 —— 张军 摄

叶子——传说灵芝草可是遇土而入，落到地上就会消失的。

"灵芝草？"刘式乔从儿子手里接过叶子，笑了。"这世界上没有一种叫灵芝草的植物。"

"啊！没有？"刘正宇非常意外。

看到儿子这么沮丧，刘式乔举着这片叶子，安慰他说："虽然这不是什么灵芝草，但这也算得一种仙草啊，它的药用价值可大呢。它的名字叫干岩矸，是苗药（苗族世代相传，南川的苗族历史十分悠久）中的打门药（打门，四川方言意为关键），对治疗各种胸痛腹痛很有效。"

干岩矸，苗人药，治腹痛，似圣药。自此，刘正宇深深记住了这一种神奇的植物。干岩矸（正式中文名毛黄堇，紫堇属植物）的镇痛作用的确是惊人的。刘正宇和小伙伴，响应学校号召，学雷锋做好事，遇到赶场天，就带

● 毛黄堇 —— 张军 摄

● 三泉镇的低头贯众 —— 张军 摄

上干岩矸，有腹痛的人就给他们服食，效果真的很好，服后很快就不痛了。当然，也闹过一个笑话，他们遇到一位腹胀呻吟的妇女，送药，人家吃后一点也没好转。刘正宇很困惑，回来问父亲，父亲详细询问后哈哈大笑——原来，那是一位临产妇女。

父亲虽然没时间专心教自己的儿女，但生活在这样的环境里，耳濡目染，孩子们都有了一些药用植物识别基础。刘正宇自己发明了一个办法，在家里牵了些绳子，采回刚认识的植物就把它们整齐地挂起来，反复认，强化记忆。这办法很管用，他记住了附近很多有用的植物。

有一件事情证实了刘正宇兄妹们的生存能力。

1967 年，妻子病重，刘式乔慌乱送她去重庆又往武汉，后又辗转北京。非常幸运的是，中国刚有了第一个妇产专科医院，妻子得到中国妇产科学奠基人林巧稚的亲自救治，转危为安。不过，求医的过程花了一个多月时间，远远超出他们的想象。出门时，刘式乔给了在家的三兄妹 15 斤粮票作为口粮。

15 斤粮票能维持几天，就按三人每天只吃一斤粮，也只能供 15 天。15 斤粮票以及家里的粮食很快就花光了。但是刘正宇的二哥刘镇湘一点也没着急，甚至没有向父亲单位和邻居们求助的意思。他带着刘正宇和妹妹刘碧波上山挖葛根、野山药、蕨根，到田边采各种野菜，下溪河捉鱼、捉青蛙、抓螃蟹……溪谷众多、物种丰富的金佛山给他们提供了取之不尽的食物。龙岩河等地，溪蟹是太多了，兄妹们不计大小，满载而归。蟹可不只是用来吃的，最大的用处是熬制出结晶的食盐，这也是父亲教他们的"绝技"。有了盐，所有的食物就味道美美的了。兄妹三人自行救助，顺利地坚持到了父母归来。看着离别近四十天，家里仅有 15 斤粮的三个小孩都还健康地活着，父母抱着他们三人大声痛哭。

● 川柿（花期刚过）　——　林茂祥 摄

受十年动乱影响，刘正宇就读的初中停学了，他成了附近生产队的非正式知青，天天上山挣工分。复课后，他重新读初中，毕业后，才成了正式知青。那个时候，家里的日子已经很不好过了。身患高血压的父亲虽然仍是场长，但白天劳动，晚上被批斗，剩下的时间还熬夜搞科研，主编《四川中草药栽培》一书。

刘正宇劳动之余，还想着采些治疗高血压的草药给父亲。但父亲对自己的病情并不看重，他给刘正宇安排的是，采对编书有参考价值的药用植物样品。有一次，刘正宇采到了治疗高血压的草药，兴冲冲回到家，却没有时间去采集父亲指定的标本。父亲大怒，把草药直接从家中扔了出去。

现在想起来，父亲那段时间略偏执地沉迷于科研工作，多半是为了转移被无辜批斗的郁闷心情。但是这样的精神折磨和超负荷的工作，已经压垮了这个优秀的植物学家。1972年10月6日，刘式乔在田间劳作时突然倒地，再也没有醒来。

● 黄连（珍稀濒危药用植物）—— 张军 摄

● 鹅掌楸 —— 张军 摄

　　刘正宇回忆起父亲给他的最后叮嘱，是学好药用植物学，报效国家。第二年，在相关机构的积极安排下，刘正宇进入了四川省中医药研究院中专附属学校中药专业学习，毕业分配的时候，品学兼优的他放弃了留校工作的机会，从重庆义无反顾地回到了金佛山，回到父亲生前的单位工作。

　　那个时间，三泉仍是交通极不方便的山区，不要说去大城市重庆，就是去当时的地区所在地涪陵，乘坐公共汽车也要花上整整一天时间。

　　刘正宇作这个决定是经过深思熟虑的。搞药用植物的，在他能去的地方，哪里还有比金佛山更好的地方。金佛山位于重庆南川东南，横亘三百余里，海拔 2 251 米，处于北亚热带、山地温带，在第四纪冰川和山岳冰川期，免受北方大陆冰川的直接侵袭，成为古生植物的避难所。更难能可贵的是，金佛山在石灰岩地区有着极为少见的优美葱郁的天然植被，而该区域特殊而复杂的生态环境使其成为特有古稀植物的生态载体和演进舞台，这里许多不同地质年

● 金佛山的短梗杜鹃 —— 张军 摄

代出现的植物和不同区系成分的植物常常混合在一个植物群落里，珍稀孑遗和特有植物异常丰富。金佛山有着 5 000 多种植物种类，是我国最著名的植物资源宝库之一，搞植物研究的人无不视其为发现新物种的乐土。山区虽然艰苦，却有他最需要的资源。

就这样，他回到了父亲工作过的地方，从事着父亲热爱的物种调查和药用植物栽培工作。1981—1983 年，他又先后到四川大学和云南大学生物系进修，用了两年半的时间跟随中国著名蕨类植物专家朱维明教授学习植物分类。从小追随父亲学习植物知识，从小在金佛山进行野外采集识别的刘正宇，经过系统学习植物分类，自此走上植物学家之路。

在这条路上，刘正宇的考察，远不局限于重庆的金佛山或大巴山等丰富山区。他以金佛山为根基，面向大西南，湖北的神农架，四川的贡嘎山、米苍山、岷山、二郎山、大风顶，贵州的大娄山、乌蒙山、梵净山，云南的横断山、哀牢山，都留下了他寻访植物的足迹。

叁

● 金佛山兰花（国家极小种群植物） —— 张军 摄

　　1978 年，刘正宇参与了金佛山的经济动植物调查，这次历经多年的调查对金佛山及周边地带的有经济价值的动植物进行了一次系统的记录。

　　南川县城边火葬场的一棵大树，引起了刘正宇的注意。这棵树，树龄约 200 年，当地人称其为水冬瓜。水冬瓜本来是桦木科植物桤木的别名，但是南川人把树叶近似的灯台树等好几种树都称为水冬瓜。这棵"水冬瓜"很特别，树叶与已知的树木都对不上。刘正宇当时连它是哪个科的都不知道。更奇怪的

● 金毛狗（药用部位）—— 张军 摄

是，尽管一年之中多次探访，却始终没能看到它的花。最后，他采到了果实：黄色，苹果大小，多数椭圆形。有人试吃过，说味道还不错。果实和已知的树木还是对不上。年轻的刘正宇被考住了，一筹莫展。

1981年秋天，去云南大学学习的刘正宇，带了一份特别的标本，就是这棵"水冬瓜"的枝叶和果实。他本来以为，在云南大学这个植物学家成堆的地方，会让他困惑了几年的问题迎刃而解。

● 金毛狗（珍稀濒危药用植物）—— 张军 摄

但是事情并不这么容易。第一位看这份标本的老师，从叶子和果子看，判断是木兰科，建议他把花采到再来进行准确的鉴定。刘正宇按照木兰科的分类特点，仔细进行了比对，困惑更深了。木兰科的叶互生，这和标本一致，但是托叶落后应该有环状落叶痕，而标本的落叶痕并不是闭合的环状。刘正宇对木兰科的结论不太同意。

利用一个机会，刘正宇把标本带到了中国科学院昆明植物研究所，找到了著名植物学家吴征镒院士。吴征镒是中国发现和命名植物最多的人，还提出了被子植物的新分类系统，堪称中国植物学的奠基人、中国首席植物猎人。吴征镒果然名不虚传，他饶有兴趣地研究了刘正宇的标本，直摇头说，不是木兰科，不是木兰科。他说刘正宇多年来找不到这株植物的花期，其实

● 金山当归（金佛山三宝之一）—— 张军 摄

是因为它是隐头花序，肉眼根本看不到。"具体的种我就不知道了，但这肯定是桑科植物。你应该去贵阳找张秀实。"吴征镒的点拨让刘正宇眼前一亮。

1982年暑假，刘正宇带着标本赶到贵阳，造访中国桑科植物专家张秀实女士。张秀实拿到标本，大吃一惊，说南川怎么会有这种植物。让张秀实震惊的原因，是她初步判断这是木波罗属植物，这个属植物只生长于热带，怎么会出现在亚热带的南川？由于果实标本被压扁平后，无法进行更精确的种类鉴定。她略一沉吟，立即叫来儿子——一个优秀的植物手绘家，让他跟着刘正宇

去南川，眼下的七八月，正是果期，如果能再次采到果实就好了。

苹果大小的果实采到了，拍照、画图，一切顺利。张秀实很快确定了这就是一种木波罗，而且很可能是新种，一种能在亚热带生存的新种。但是张秀实和学界仍有疑问：这棵树在南川的原始森林和普通山林里都未有发现，孤立的一棵生长于人口稠密的地区，很难说它就是南川的原生物种，有可能它只是外来植物，因为各种机缘偶然适应了当地的环境。

必须要找到这种木波罗更多的野生群落，以排除人为传播的可能性。这成了刘正宇给自己的一个新的任务。他相信这就是南川的原生植物，因为他仔细研究过那棵树的四周，发现很多落下的种子已经顺利地长成了小树。它们如此适应本地环境，不像是外来物种。

他首先以发现这棵木波罗树的地方为圆心，制订了一个区域搜索计划，搜索了县城到水江之间的区域，再逐步扩大。这一寻找就是很多年，在做所有的野外调查时，看到有形似的树，刘正宇都会认真看看，是不是他要找的木波罗。许多年过去了，一无所获。难道整个南川就只有那一棵木波罗树？难道它真的是外来物种？刘正宇一想到木波罗，就耿耿于怀。

1988 年的一个上午，刘正宇和同事们在南川石莲乡采集植物标本，沿着一条青石板路走着，前面是古老的陡溪桥，不远处是孝子河，满眼翠绿，景致迷人。

突然，脚下的一片树叶引起了他的注意。他捡起来，仔细看了看，不由一阵心跳——这很像木

● 南川木波罗 —— 刘正宇 摄

● 南川木波罗 —— 张军 摄

波罗的叶子。由于多次采集木波罗树标本,又带着去昆明去贵阳,他对木波罗的叶子太熟悉了。

他抬头四顾,奇怪了,四周并无木波罗树。

莫非是从高处吹来的?他把目光落在更远的地方,有一处山崖,崖壁上一棵直直的树,很像是木波罗。他们来到崖前,仰头看看,根本无法采下树枝。只好迂回,从旁边慢慢走上山崖,离树叶相对近些了。他们掏出弹弓,打下来一些树叶——这可是从幼年就练出来的本事,如今成了植物猎人们的秘技。

"这就是一棵木波罗树!"刘正宇喜不自胜地把玩着手上的树叶。这么高的山崖上,只能是原生植物了,谁会这么费力地去把种子丢到绝壁上?

他们沿着青石板路继续向前,走到芝麻湾一带,又发现了七棵木波罗大树。它们都有着笔直的身姿。就在那个区域,接下来他们又发现了更多。

电话里,张秀实得知刘正宇在野外发现木波罗群落后,肯定地说,没问题了，这就是一个新种，而且是罕见的能在亚热带区域生存的木波罗。

1989 年，定名为南川木波罗的新物种论文，在专业植物期刊上发表。2004 年，南川木波罗被《中国物种红色名录》确定为"极危"物种，比国家一级保护植物、著名的活化石银杉、水杉等濒危物种还要高一个等级。

南川木波罗，不仅是一次植物学意义上的重要发现，而且更有巨大的经济潜力。木波罗，又被称为面包树，在世界很多地方，是作为木本粮食来源进行栽培的。由于它们只能生存于热带地区，这一粮食获取方式，一直和我国无缘。南川木波罗，富含可溶性糖、氨基酸、果酸、钙、维生素 C、铁、蛋白质等，从营养结构来看，已经具备了作为粮食的基本特点。这种树没发现明显的病虫害，连果实也能在自然环境中

● 银杏皇后 —— 张军 摄

● 银杉（果）—— 张军 摄

相对长时间地保鲜。此外，南川木波罗树形优美且具有观赏性，是相当漂亮的乡土树种，如果兼作绿化和木本粮食，价值就更大了。

　　在石莲乡发现南川木波罗后，刘正宇和同事们在南川各地又不断发现新的群落。奇怪的是，在植物宝库金佛山，反而是木波罗发现的一片空白。

　　这个疑问，刘正宇最后还是找到了答案。他们在北坡最终找到了不少南川木波罗，但它们都是被砍伐后重新从树桩长起来的。所以原因也就很明显了，由于木波罗树形笔直，非常好用，成为森林砍伐的首选，而木波罗结果却需要 8 至 10 年，树形高大，不易攀登，不易采到果，也就在一波波标本采集中被忽略了。

　　继金佛山发现南川木波罗后，重庆綦江的东溪、巴南区的圣灯山、永川的张家山也陆续发现了南川木波罗。不过，在重庆之外，到目前为止还没有任何省（市）的发现报告。

　　那棵城里的南川木波罗，因为生长在坟地间，可能因为忌讳，砍伐的人们放过了它。这是它的幸运，也是整个南川木波罗的幸运。正是因为孤悬生存于人群密集区的它，整个珍贵的南川木波罗群落才浮出水

● 左图：金山杜鹃（金佛山特有杜鹃）；右图：阔柄杜鹃（金佛山特有杜鹃） —— 韦子敬 摄

面，成为万众关注的宠儿，继而得到很好的保护。

南川木波罗的发现过程，是一个坚忍的过程，长达十年的追踪才有了震惊世人的结果。相比之下，另一个重量级的发现——南川茶就得来全不费功夫了。

1978 年，刘正宇跟随业师谭士贤研究员到南川德隆乡进行物种调查。临近中午时，他们来到华林村一村民家里休息，村民高高兴兴地给他们泡茶吃。一边聊着天，一边看着村民泡茶。

刘正宇突然觉得有什么不对。这茶茶气旺盛，味重回甘，远胜于以前喝过的茶。而茶叶也远比一般茶树叶大。"老乡，这是什么茶啊？"

"嘿，这是野生大树茶。"村民得意地说。

"大树？有多大？"

"很大，岁龄也有上千年的。"

同行者都惊呆了，他们明白这个事情的分量。

一行人不由分说，要求村民带他们去找野生大茶树。步行两三个小时后，他们面前果然出现了高大的乔木形茶树，高达 10 米，树冠直径达到 14 米……一个极有经济价值和植物史价值的物种，就这样喝一碗茶，便顺便找到了。

不久，广州中山大学的山茶科植物专家张宏达教授，根据他们采集的标本，确认这是茶属的新发现物种，并命名为南川茶。张宏达被称为普洱茶之父，因为他订正了阿萨姆茶原产地为中国，并命名为普洱茶。

● 南川德龙茶树村的南川茶 —— 张军 摄

● 南川茶 —— 张军 摄

南川茶的生存条件比其他川茶要苛刻得多，它一般生长在海拔1 300至1 800米的高寒地带，属川茶的原生茶种，最大的一株被称为"茶树鼻祖"，对低温有很强的适应能力，能历经寒冬而安然无恙。南川茶的抗病能力也强于普通茶树，没有发现明显的病虫害。南川茶的生命周期也相当长，数百年的茶树，仍然有着旺盛的生长能力，每年产鲜叶50千克以上。

南川茶古茶树群落的发现，对人们研究茶的来源有非常重要的意义。而南川茶本身，也因具有极好的品质，身价倍增。

肆 *FOUR*

● 野生环境的南川茶标本采集 —— 张军 摄

　　1983 年 7 月，根据卫生部的工作安排，刘正宇协助由业师谭士贤研究员带队的调查组前往酉阳县，寻找能提取青蒿素的植物资源。

　　青蒿抗疟，是自 1969 年起，屠呦呦领导的课题组从 2 000 多个源自古籍和名医的抗疟方里筛选两年后才锁定的。1972 年，屠呦呦的团队成功析出高效、速效、低毒的青蒿素结晶，这是人类抗击疟疾转折性的事件，不可一世的疟疾病魔终于有了克星。

青蒿，来自蒿类植物，但蒿类植物种类极其繁多，中国的蒿属植物，即使不包括分出去的绢蒿属，也有 170 多种。即使在筛选中被锁定的可能含有青蒿素的蒿类植物，也因地域不同，青蒿素含量并不稳定，甚至时有时无。这给青蒿素的规模生产带来了很大的问题。

而在酉阳，有民间医方"一把苦蒿可救疟"流传，而且多位中医确有治疗疟疾的手段。他们用的苦蒿是什么？是否含有青蒿素？是否能由此找到富含青蒿素的蒿类植物的优质种质资源？这正是此次调查必须回答的问题。

当地人说的苦蒿，包括了苦蒿、茵陈蒿、艾蒿等多种蒿类，哪一种才是含有抗疟有效成分青蒿素的，要找到并不容易。

● 青蒿 —— 张军 摄

● 茵陈 —— 张军 摄

在他们的走访中，发现两种情况。一是有的民间医生，对究竟哪种蒿类有效，其实并没有把握，所以介绍的蒿类植物，可信度不高。另一个情况，则是他们都是世代祖传，秘方传子不传女，是他们家族赖以为生的知识和祖训。所以，不愿意把掌握的植物信息讲出来。常常在一个方子里，涉及多种中草药，其实有用的只有一味，单药方同样有效，多开一些不痛不痒的药，只是为了把真正有用的药藏起来。

刘正宇还试过，在人家买回的草药包里，找出是哪一种蒿，但是药材切得很细，不管他如何瞪大眼睛，又摸又闻，还是认不出是什么植物——此路不通啊。

植物猎人们遇到一个新的难题，并不比在野外寻找更容易，那就是如何攻心。

酉阳有个宜居乡，是以前进入龚滩，进而进入乌江流域植物完好区域的必经之道。宜居乡街市的河对面，有个姓罗的医生，都说他救治疟疾有一套。刘正宇他们，只要路过宜居，都会专门过河，到罗医

● 踩着石头过野溪是常事 —— 张军 摄

生家里登门拜访，加深感情。但罗医生嘴很紧，只要涉及药方和具体的药，就闭口不言。去了几次，一无所获。

有一天，他们又来到罗医生家，细心的刘正宇听到罗医生的父亲在咳嗽，声音异样，他不禁皱起了眉头。这听上去不是普通咳嗽啊，像是肺部的问题。

面对刘正宇的询问，罗医生叹了一口气，父亲得的是痨病（肺结核），而且咳血严重，他也束手无策。

大家继续聊别的。刘正宇的思绪却飞得很远，他想到一个方子。

这个方子的得来还说来话长。

刘正宇从小就经常上金佛山采标本，在当知青时，更是偏爱上山的活——生产队有些药就种在山上，一般人嫌辛苦不爱去，但他每次都争着去，把它当成识药的好机会。去的次数多，自然和山上唯一的歇脚处——林业系统的金佛山竹林经营所常打交道。慢慢地，认识了以前在金佛寺、凤凰寺当和尚的王和尚，这位僧人还俗后就在所里当留守人员。王和尚在前辈和尚那里，学了不少治病救人的方子，多数源于苗医。

懂事的刘正宇，每次去山上，都会给王和尚带盐、米等生活用品。次数多了，两人结下很深的交情。

那个时候，山上野猪很多，常来刨食王和尚种的洋芋。王和尚不杀生，从来都是和母亲一起和平地把野猪赶走就是。野猪也熟悉了这个套路：没人赶，就偷吃；有人赶，就悻悻而去。有一天晚上，王和尚不在家，母亲颤颤巍巍地单独去驱赶野猪，那野猪却是个势利的家伙，见身强力壮的王和尚不在，不但不走，反而冲向老太太。正巧，当晚刘正宇他们也住在那里，听到人呼猪叫，冲了出来，这才救下了老太太。当时，她已被野猪顶翻在沟里，如果没有人出来的话，非常危险。

刘正宇和王和尚的交情由此更深了。前几年，王和尚觉得身体不行了，估计时日已不多，就把平生收录的药方全部传授给了刘正宇。这

● 刘正宇和同事们穿行于无路的荒野 —— 张军 摄

● 金山岩白菜 —— 张军 摄

● 金山岩白菜 —— 张军 摄

些药方，少数是抄写在本子上的，多数口授。"金山老鹳草，红崩白带不能少。""又咳又吐，离不开水杨柳。"……刘正宇都仔细地全部记下了，他发现，苗医里，很多是单方治病的，非常神奇。

此时，他终于想起了王和尚传给他的一个单方："金山岩白菜，肺痨好得快。"

金山岩白菜，又名牛耳朵，苦苣苔科唇柱苣苔属植物，叶片肉肉的，花朵优雅美丽，花期从四月直至七月，是金佛山引人注目的野花。在王和尚口里，金山岩白菜，是苗药里的八大特效药之一。刘正宇在研究中还发现，同属的不少植物，都有相似的药用成分。

"有一个单方，你们愿不愿意试一下？"他给罗医生说。罗医生接受后，怕弄错草药，刘正宇又带着他去山野上寻找和采集牛耳朵，并详细告诉他服用方法。

两周后，途经宜居。刘正宇照例过河去拜访罗医生。这一回，罗医生高高兴兴，因为他父亲在服用金山岩白菜后，已不再咳血，症状减轻了不少。还没等刘正宇问，罗医生主动开口了，他治疗疟疾用的是本地产的紫茎黄花蒿！

紫茎黄花蒿就这样被锁定了。刘正宇他们采集的酉阳黄花蒿样本被迅速转到北京。屠呦呦团队检测后惊喜地发现，这批黄花蒿里的青蒿素含量很高。奇怪的是，以前也检测过北方的黄花蒿，却没有发现青蒿素。原来，不同地区的黄花蒿还真不一样。他们进一步发现，一过了黄河，黄花蒿就不含青蒿素了。看不见的青蒿素，竟然在同一

● 黄花蒿 —— 张军 摄

● 黄花蒿 —— 张军 摄

个物种上，有自己偏好的地理区别。即使是同一个地方的黄花蒿，晴天和雨天、上午采摘和下午采摘时的青蒿素含量也有区别。当然，开花前后也有区别，含量最高的是花蕾初现时。

好消息传到了调查组，他们的使命并没结束。在长达数月的田野调查中，他们发现黄花蒿原来有着很多变种，以茎来区别，有青茎、黄茎、紫茎；以叶来区别，还有大叶、小叶。他们不仅要分别收集样本，还要研究它们的分布、生长习性，因为接下来的人工栽种是规模生产青蒿素必然的一步。他们采集的样本多达400多个。

调查结束后不久，北京的消息传来了。酉阳的野生紫茎黄花蒿，是全国蒿类植物中青蒿素含量最高的。酉阳黄花蒿由此天下闻名。

南方的黄花蒿含青蒿素，所有的青蒿却不含青蒿素。这是一个终于被证实了的事情。看上去特别错位。青蒿素，应该改名为黄花蒿素？屠呦呦还很认真地研究考证了从《神农本草》开始的青蒿之误，原来从东汉初年的《神农本草》、经唐代的《唐本草》再到明代的《本草纲目》，把不同形态的青蒿（其实是同一个物种）逐渐分成了两个物种：青蒿和黄花蒿。中医实践中及市场上的中药材，青蒿多数实际上仍用的黄花蒿，少数为牡蒿和茵陈蒿。就是说，还不算用错。但是《本草纲目》的误分，诱导18世纪的日本植物学家小野兰山犯下了更严重的错误，把另外一个没有药用价值的物种命名成了青蒿。然后，中国近代的植物学家接受了小野兰山错误的重新命名。青蒿不含青蒿素，就是这么来的，当代植物学命名的青蒿在历史上压根儿就没有被医家用过！这错误的命名，也给大家寻找青蒿素增加了很多周折。

● 青蒿 —— 张军 摄

● 天麻 —— 林茂祥 摄

20 世纪 80 年代初，刘正宇由四川大学转往云南大学进修，是老师朱维明安排的。

朱维明，中国著名的蕨类植物专家，他发现了一个蕨类新属和很多新物种。朱维明的老师，则是中国蕨类植物学的奠基人秦仁昌院士。在秦仁昌、朱维明的鼓励下，刘正宇对蕨类植物也产生了很大的兴趣。

蕨类植物研究，在中国植物学界，相对算个冷门。所以，当时全国各地的很多蕨类植物，由于没有专家指导，一直是未被

● 白及 —— 张军 摄

探索的空白地带。金佛山也不例外,很多蕨类植物,从来没有进入过人们的视野。有两位中国顶级的蕨类植物专家作靠山,刘正宇开始了对金佛山蕨类植物的重点考察。

1982年夏天,正是刘正宇对采集金佛山蕨类植物兴致高涨的时候。中科院植物所王文采院士的研究生傅德志也来到了金佛山。傅德志已开始毛茛科特别是人字果属植物的研究,后来他成为毛茛科专家、中科院华南植物园负责人。陕西华南虎事件中,傅德志作为质疑华南虎为假虎的打虎派领袖人物而名噪一时。

两人一拍即合,决定一起上山采集植物标本。为了发现更多的新物种,刘正宇把探索的区域规划在金佛山人迹稀少的区域,由南向北,直到德隆至合溪之间。这一带相对交通不便,人类活动困难,植被也比较好。

● 人字果 —— 张军 摄

在山上转了几天，果然，刘正宇采集到很多蕨类植物标本。傅德志则专注于人字果属植物标本的采集，也收获不小。

这一天，他们走到一处岩壁下，一抬头，就看见一簇小白花在头顶微微晃动。

"人字果属的！"傅德志一眼就认了出来。

这基本上是一个绝壁，怎么上去呢？"管不了那么多了，来，上！"个子高高的傅德志蹲了下来，拍了拍自己的肩膀。刘正宇踩着傅德志的肩膀就上去了，上去后，找到立足点，又把傅德志拉了上来。

两个青年植物学者都是拼命三郎，就这样冒着危险，互相支持着，慢慢攀爬上了绝壁，终于采摘到了人字果属植物的标本。

这时候，两个人才发现麻烦了，上去还容易，下来却危险万分，那微微凸起的石窝，往下走的时候根本够不着。刘正宇

● 人字果 —— 张军 摄

很自然就想起一首儿歌：小老鼠上灯台，偷油吃下不来。两个人就这样被困在了绝壁上。

等待是没有意义的，这里离最近的村庄都有两天路程，可能等上一个月也不会有人经过。傅德志和刘正宇争着探路往下走，都不愿对方冒险。傅德志探了一段后，刘正宇就抢了过来，先往下行。已经接近地面了，他没有想到，危险也到了眼前。

在他往下慢慢伸脚寻找支撑点的时候，踏空了一下，整个身体失去了支撑，右脚滑进了两块石头的夹缝里。全身的重量都在腿上，而其中一块石头薄如刀刃。结果就是，他的腿部相当于被锋利的刀猛地劈下，骨头立即露了出来，伤口外翻，血肉模糊。动脉血管也被切断，鲜血喷涌不止。

傅德志一见这状况也慌了神，急忙帮助刘正宇止血，又在背包里摸药。傅德志本来是带了不少药的，但那时山里人家都缺医少药，几天下来，他把好多

● 刘正宇采集标本 —— 任明波 摄

● 庐山石韦（大石韦）—— 张军 摄

药都送给了沿途的村民。他终于摸到一瓶，来不及细看，就朝伤口倒了上去。这药奇怪，到了伤口上后，血反而流得更厉害了。"你用的什么药啊？"刘正宇问。傅德志这才仔细看了看药瓶，居然错用为了蛇药。

傅德志赶紧背起刘正宇，到溪边先把蛇药洗掉，他急中生智，把自己的白衬衣脱下来，撕成条形，捆扎在刘正宇的大腿上止血。经验丰富的刘正宇，尽管行动不便，也在附近岩石上找到了庐山石韦。庐山石韦又名大石韦，水龙骨属植物，有着修长结实的叶片，背后密布孢子。山民视之为能救急的金疮药，

● 大石韦 —— 张军 摄

紧急时，直接可替代绷带包扎伤口，用有孢子的那一面，还可止血消炎。他用大石韦把伤口包扎好，流血勉强止住了。傅德志扶着刘正宇，两人开始下山。走几步，又停下来休息一下。

那条山路，崎岖难行，怕伤口出血，他们也不敢动作太大。有好几次，刘正宇觉得虚弱得已经不可能从山上出去了。但只要稍微感觉好点，他又强撑着往山下走。两个人用了两天一夜，才艰难地来到有人居住的村庄附近。此时，由于天气炎热，伤口已经感染。

● 协作过桥 —— 张军 摄

● 冒雨进行药材采集 —— 陈玉菡 摄

正在田里劳动的合溪镇村民刘福元，看到受伤的他们，二话不说，放下手中的活，从傅德志手里接过刘正宇就背了起来，大步流星，直奔自己家里。当时天色已晚，根本不可能再步行几小时到镇上去了。

非常非常幸运的是，危在旦夕的刘正宇，总算是命不该绝，他们碰到的刘福元，妻子是赤脚医生。到家后，刘正宇已昏迷不醒，脸色惨白。皮肤有些部位已经由青转紫。碰巧刘福元的小女儿刘娅发烧生病，所以家里有葡萄糖和生理盐水。刘嫂简单处理了一下创口，把家里仅有的一瓶云南白药，小心地倒进去。马上又开始给刘正宇输液。

第二天清晨，夫妻俩用洗衣的搓板加背篼，把刘正宇捆扎在刘福元的背上。刘福元平时背200斤能健步如飞，但此时高一脚低一脚，非常吃力。同行的傅德志，一路上给刘福元点烟揩汗，给他鼓劲。走了近四个小时，他们终于到了合溪街上的医院，医生清创后，研究所领导派来接应的车也赶来了，病危中的刘正宇被转往重庆的西南医院治疗。刘正宇这才从死神手里侥幸逃脱。而刘福元分文不收，默默地赶路回家了。

● 正宇耳蕨 —— 张军 摄

● 正宇耳蕨 —— 张军 摄

这一趟上山，虽然凶险无比，但蕨类植物标本倒还采集了不少，里面有三个物种被秦仁昌确认为新物种。秦仁昌感慨它们来之不易，于是，把其中一种植物，命名为正宇耳蕨。这是一种石生植物，喜欢长在阔叶林里的石灰岩石缝里，外形像京剧里的翎子。中文名直接使用人名，还是比较罕见的。只有秦仁昌院士才敢这么不拘一格，用这种方式奖励这位专业、无所畏惧的植物猎人。后来，他索性把另一种蕨，又命名为刘氏鳞毛蕨。

两个多月后,伤还没好完的刘正宇又上山了,继续重点采集蕨类植物标本。

刘正宇后来多次寻找刘福元的家,他还记得刘家门前有溪沟,溪沟上有独木桥。直到第六次,才找到自己的救命恩人。两家人自此保持着密切的往来,好得像亲兄弟。当年刘福元家十分贫困,劳动一年,倒欠生产队40多元,如今一家已今非昔比,仅养殖的野猪和香猪,就布满了一个山沟,足足有2000多头。

● 行走独木桥 —— 张军 摄

几年时间里,刘正宇靠着自己的一双脚,踏遍了金佛山的角落,基本摸清了金佛山蕨类植物的家底。金佛山也真不愧是植物基因宝库,通过刘正宇的采集和初步鉴定,80多个蕨类植物新物种被发现,引起了国内植物圈的不小轰动。

作为热爱金佛山的植物猎人,刘正宇受伤是经常的,他自己的总结是两年一次不小的伤。而他的无畏似乎更出名。

前面提到,刘正宇在小道上和黑熊狭路相逢,镇定自若。其实他还有过更胆大妄为的事。

● 团队在野外 —— 张军 摄

那是20世纪70年代初的时候,刘正宇和两个小伙伴从金佛山上下来,路遇一头成年老虎,刘正宇想都没想就一块石头掷将过去。老虎吓了一跳,加紧几步,却也并不离开山道,仍在前面走着。在刘正宇的率领下,三个人一路吆喝,一路扔石块,赶了老虎一两个小时。

老虎终于怒了,回身来长啸一声,一时山崩地裂,发怒老虎的身体似乎

● 左图：见血清（珍稀濒危药用植物）；右图：南川百合 —— 张军 摄

● 左图：南川细辛花（金佛山特殊植物）；右图：穗花杉花（国家保护植物）—— 张军 摄

刹那间也增大了一倍。三个年轻人吓了一跳，连连后退。还好，此时，他们已接近洋芋坪（位于大河坝上方，狮子口下方），那里有不少劳动的人，听到虎啸，全部吆喝起来。老虎这才有所收敛，下道钻进了丛林。

当晚，他们在洋芋坪住下。早晨，人们发现，有虎的脚印绕屋一周，还在他们的窗前有所停留。难道老虎对追赶它一两个小时的人，还很好奇？

那时虎患还很严重，在三泉附近时有发生。有正在犁田的两兄弟，双双被老虎咬死；有一个快出嫁的姑娘，割草时被老虎袭击身亡；还有一只老虎，误入一家人院内，跑不了，被打死送到研究所来。刘正宇还记得，虎皮剥下来很宽大，可容几个小孩子坐在上面玩。所以，刘正宇赶虎的事，人们津津乐道。

和胆大比起来，他的生存能力也是非常强大的。在山上寻找新的物种，忍饥挨饿，风餐露宿是家常便饭。

有一次，刘正宇和同事小周上山调查一种珍稀植物——川黔紫薇。城市里的紫薇很多，而金佛山的这种稀有的原生种，仅有 6 枚雄蕊，曾被西方植物学家单独成立一个属，叫阿丽花属。由于模式标本毁于第二次世界大战，今人再未见到，连开花的照片都没有。调查的进展并不顺利，干粮都消耗完了，他们才在山沟里发现这种植物。遗憾的是，这株川黔紫薇，花已经开过了，没法采集标本。

刘正宇略加思索，就作了决定，继续顺着山沟上山。这个山沟海拔不高，川黔紫薇花期刚过，如果现在能在高海拔地区再找到川黔紫薇，有可能正逢花期。而如果因为干粮耗尽撤走，这一年就失去机会了。

他们连夜顺着山沟往上爬。渴了，就喝口溪水；饿了，就在溪水边洗把野菜下肚，要是还不过瘾，就捉溪水中的螃蟹生吃。两天后，他们在坡上找到了一棵高大的川黔紫薇，正逢花期，野蜂成团地在树冠上飞。和高大的树干比起来，川黔紫薇的花是相当精致的，白色的花瓣，黄色的花蕊，仿佛成团的黄白色的丝绸。川黔紫薇的花找到了！

他们欣喜地狂按快门。

● 雪胆（花）—— 张军 摄

陆 SIX

● 苦苣苔科 — 川鄂粗筒苣苔 —— 张军 摄

　　苦苣苔科植物是一个多姿、艳丽的大家族，多为草本，共有2 000多个物种。我国是苦苣苔科植物的大国，拥有400多个物种，更重要的是，其中90%都是我国的特有种。苦苣苔科植物生存能力强，耐阴，花朵优雅耐看，颜色绚丽，具有极高的园艺价值。部分源自非洲和美洲的苦苣苔植物，成为国际园艺界当红花卉，在国内市场也随处可见，比如非洲堇和岩桐的园艺品种，已成为都市里的新宠，而我国的苦苣苔科植物却仍然隐于深山，有的甚至连基本的物种情况都还没掌握。

金佛山拥有丰富的苦苣苔科植物，而且有的（如金山岩白菜）一直被当地人视为良药，用来抗击病魔，但金佛山的苦苣苔科植物的家底，很多年来也一直是空白。

中科院植物所研究员李振宇，师从王文采院士，作为中国苦苣苔科的专家，多次来到金佛山，每次都满载而归。金佛山，在他的眼中，是苦苣苔科植物的"富矿"。李振宇第一次来，还是研究生，由刘正宇陪同在金佛山中转悠数天。自此每次李振宇来到，都是刘正宇陪同，刘正宇因

● 川鄂粗筒苣苔 —— 张军 摄

此学到了很多苦苣苔科植物的知识，两人也成为苦苣苔科植物考察方面的长期合作者。

● 川鄂粗筒苣苔 —— 张军 摄

1995 年，刘正宇在距三泉镇不远处的千佛岩上，发现了一种很像金盏苣苔的植物，采到标本后，他在所有资料上都找不到完全符合其分类特征的物种，后来他与苦苣苔科学者潘开玉教授共同发表了这个新种，取名为南川金盏苣苔。金盏苣苔属的植物都有着精致而美丽的花朵，花朵小，颜色深而且富有变化。从视觉上说，它在苦苣苔科植物家族中显得特别精灵古怪。这个属还有一种模式植物也在重庆，那就是城口金盏苣苔，就是本书前面提到的那位法国传教士法吉斯在百年前发现的。刘正宇团队对苦苣苔科植物的研究和探索热情进一步被鼓舞了起来。

　　几年后，李振宇主持了由国家自然科学基金资助的《中国苦苣苔科植物》的编写工作，根据国外同类图书的经验，为方便读者和研究者，他决定尽可能多地收录苦苣苔科植物的生态图片，特别是这些物种开花时的照片，因为很

● 全缘叶呆白菜 —— 刘正宇 摄

● 南川石蝴蝶 —— 张军 摄

多植物的细微区别就在于它们的繁殖器官。刘正宇团队对这个项目给予了最热情的支持。

这本书还真离不开他们。南川的苦苣苔植物繁多，国内某些苦苣苔代表性物种的模式植物标本就采自金佛山，如川鄂粗筒苣苔，这种植物长在岩石上，与叶片相比，花朵相当硕大，拍出来应该很漂亮。还有鄂西粗筒苣苔，最早也是在南川发现的。

刘正宇还有更积极的想法，结合这次系统拍摄，把南川的苦苣苔科植物家底搞清楚，说不定在这过程中还会有更多物种被发现：物种的新分布，甚至新物种的发现。于是，在那期间，他们不仅根据这类植物的花期专程跟踪拍摄，而且在进行其他植物调查时也会兼顾这项工作。

果然，这一摸底，还真不得了。在重庆、四川都还是空白的一个神秘家族，苦苣苔科石蝴蝶属慢慢浮出了水面。

1887年，植物学家奥列弗在湖北西部的一处阴冷岩石上，发现了一种从未见过的植物，叶片全部贴着岩石，排列得也很奇特，整齐得像几层同心圆，仿佛孔雀开屏。这个物种的分类特点，明显区别于所有已知植物家族。他不得不为这株植物建立了一个新属。石蝴蝶属就是这样问世的。这个植物后来被命名为中华石蝴蝶。

● 深圳仙湖植物园繁殖的南川石蝴蝶 —— 邱志敬 摄

随着中外植物猎人的逐渐发掘，中华石蝴蝶其实并不孤单，石蝴蝶属一共发现了 27 个种，4 个变种。不过，这个属的中国戏份很重，其中有 24 个种和 4 个变种都仅在中国有分布，越南、印度和缅甸各有一种。

2014 年，刘正宇在金佛山东麓鱼泉谷河找到了黄斑石蝴蝶，这是重庆新分布，这个种 2010 年由"60 后"植物学家苟光前等人发表的，模式植物在贵州。黄斑石蝴蝶很有意思，在白色花朵上，像是用画笔很随意地点上去了两小团黄色。其他的石蝴蝶，还真没有类似的画风。

不过，特别令人惊喜的发现是在合溪，就是刘正宇大难不死的地方。那是金佛山与贵州连接的地带，已成为刘正宇重点关注的区域。他认为，在交通相对困难的那一带，还有许多未充分探明的物种。上次救治他的刘福元的家，也成为他进山出山的必去休息站。

就在那个山沟，与他受伤的山崖紧挨着的一处山崖上，刘正宇发现了一种特别的植物，很像石蝴蝶。它长得非常娇小精致，叶子菱形，排列得非常紧密。它整个身体紧贴在岩头上，远看还以为

● 南川石蝴蝶 — 花 —— 邱志敬 摄

● 南川石蝴蝶 — 生境 —— 张军 摄

是苔藓。比较让人意外的是,和多数苦苣苔科石蝴蝶属植物喜欢潮湿的生长环境不一样,它就长在一个溶洞的岩壁上,靠近洞口,根扎在干燥的石缝里,根本不可能享受到雨水。也就是说,它能在干燥的地方存活下来。

　　这棵植物有果无花,刘正宇凭借叶和果的特征,判断它就是石蝴蝶,但究竟是什么种,还需找到它的花。

　　一年过去了,又一年过去了。这种仅比苔藓植物大的娇小植物,一直被刘正宇团队关注着,跟踪着。说来奇怪,一次次地按照它可能的花期去,就是看不到花。

● 合溪石蝴蝶 — 花 —— 邱志敬 摄

● 合溪石蝴蝶 — 生境 —— 邱志敬 摄

夏末的一天，刘正宇他们又来看望这个不可捉摸的小朋友，意外地看到了花蕾，花茎还蜷缩着，上面有米粒大小的蓓蕾。原来，它是秋天开花的！在苦苣苔科植物里，这的确是太罕见了。怪不得年年来，年年不遇，其实都没有错过——它只是还没开。

九月下旬，刘正宇终于看到了它的花，纯净的紫色，花朵喉部没有任何斑点。这应该是一个新种，悬在他心里的疑问终于落地了。这种第一次出现在人类视线内的物种，最终得名合溪石蝴蝶。合溪石蝴蝶要求的环境非常苛刻，生长的地方要干燥，空气湿度要比较大，

● 合溪石蝴蝶 — 植株 —— 邱志敬 摄

● 黄斑石蝴蝶全株 —— 邱志敬 摄

● 贵州大娄山的黄斑石蝴蝶 —— 张军 摄

这使它的生存空间格外小。此外，它的种子无翅，无法凭借风力吹到合适的环境中去。刘正宇团队在调查中发现，合溪石蝴蝶群落的总数量不过 100 株左右。

和合溪石蝴蝶的发现历经多年往返深山的探寻不一样，南川石蝴蝶的发现纯属偶然。

离重庆市药物种植研究所不到 1 公里的千佛岩，因为发现了南川金盏苣苔，成为刘正宇和同事们经常光顾的地方。为了《中国苦苣苔科植物》的需要，正值南川金盏苣苔的花期，他们再次来到千佛岩，拍完后，顺便扩大搜索了这一带。

千佛岩下就是龙岩河，在距河水不远的潮湿的石缝里，发现一种苦苣苔科植物，很像石蝴蝶，卵形的叶片重重叠叠，并不太有秩序的样子。仔细观察，没有发现花。

由于距单位不远，他们反复去观察这个陌生的植物群落，夏末终于碰到了它开花的时候。花瓣是淡紫色，至花喉部分渐变成黄色，如果有阳光，看上去像一盏盏小灯，很漂亮。当地人一直认为这花就是石头开的，所以称它们为石上花或石头花。

不过，碰到开花，却很难采到合格的标本，因为花茎短，根又长在石缝里，用通常拔出的办法，不容易得到完整的植株。第一次采集后，发现标本不合格。他们再去时，花竟已经谢了——它的花期只有短短的一周。"没办法了，明年吧。"刘正宇叹了口气。

第二年，他们干脆连植株带岩石一起敲下，再慢慢把石蝴蝶分离出来，这才得到合格的标本。它被取名为南川石蝴蝶。

后来，刘正宇团队再接再厉，2016 年在重庆与贵州的交界处，又发现了一种新的石蝴蝶，他计划取名为渝黔石蝴蝶。三个新种，一个新分布。隐藏在金佛山细小皱褶的石蝴蝶家族，就这样被逐渐揭开了神秘而美丽的面纱。

经过 20 多年的努力和积累，他们和本学科的学者们一起，在南川探明了苦苣苔科 15 个属 38 个种，这真是一个繁茂而绚丽的大家族，更是一笔伟大的自然遗产。

● 黄斑石蝴蝶 — 花 —— 邱志敬 摄

● 四川峨眉山的树生杜鹃 —— 李小杰 摄

寻 龙 记

—— 恐龙学家邢立达考察记

"恐龙研究的终极价值是什么？"我问。

邢立达停顿了一下，就像电脑往内存里载入大程序时那种轻微的停顿。

"只有恐龙1.6亿年漫长的存在，特别适合解释演化的本质。而古生物学，则是用来解释生命是什么、生命从何而来、生命将到哪儿去。"最后，他这样回答。

● 马门溪龙骨架，是中国恐龙的代表 —— 邢立达 摄

壹 / ONE

● 几乎完整的小型角龙类化石 ── 邢立达 摄

1999 年，暑假的一天，北京自然博物馆。

这个馆处在一个有趣的地点，背后是明清两代帝王祭祀皇天、祈五谷丰登的天坛，前面是中华人民共和国成立后修建的第一个大型剧场——天桥剧场。漫长的文化传统和时时更新的当代生活，不经意间在这里交汇。

而它自己有着更久远的沉思。两亿多年前脊椎动物从水域向陆地发展的复杂过程，繁华的恐龙时代，

● 甄朔南先生 —— 甄朔南 供图

都能从它的沉思中找到线索、看到珍贵的证据。和这么遥远的时间比起来，从明清到当代，汹涌的时代大潮，也只是一些短暂的微澜吧。

著名博物馆学家甄朔南正带着一个中学生，穿行在北京自然博物馆久远的沉思里，两个人都如痴如醉。甄先生今天破例接待的特殊客人，名叫邢立达，是知名地质学家、《十万个为什么》地学篇的作者陶世龙推荐来的，这位中学生独立创办了颇有影响的中国恐龙网。

甄朔南一直推崇博物馆对观众在教化和教养方面的潜移默化作用，他自己又是古脊椎动物学者，对北京自然博物馆的馆藏了若指掌，能得到他亲自陪同讲解，是一件何其幸运的事情。兴奋的邢立达跟着甄先生，走走停停，听他精彩的讲解，感觉非常奇妙——因为他小时候最喜欢的书之一——《恐龙的故事》，正是甄朔南和恐龙学者董枝明合著的。正是这本书向他敞开了一个遥远的世界。

过了很多年，邢立达对这次访问仍然记忆犹新："科学家有一些是不修边幅，另一些是衣冠齐楚。甄先生属于后者。穿着西服，打着领带，满面春风。"在这样的长者面前，邢立达很快就不再有初次见面的拘束，全神贯注且非常享受地进入了远古生物的世界。

他们在古爬行动物厅停留了下来，这里有高大的马门溪龙的骨架，邢立达瞬间被震撼了：只见它身躯巨大，长颈，小头，最为壮观是它的尾巴，高高扬起，一直甩上了天花板。

作为恐龙爱好者，邢立达还是第一次看到相对完整的恐龙骨架。激动的他，不由自主地全身颤动着，仰望着这不可一世的巨物。太美妙了！他第一次确信自己真的看见了恐龙。

● 1989 年马门溪龙的挖掘场景 —— 自贡恐龙博物馆 供图

马门溪龙是素食者，长长的脖子，有助于它吃到树冠嫩叶和果实，而强壮的尾巴可不只是摆设，当它甩动起来时，犹如巨大的鞭子在空中舞动，什么样的对手敢靠近它呢……邢立达眼前不由自主地出现了这样的画面。

"我可以摸摸它吗？"邢立达被自己的声音吓了一跳。

"可以。"甄朔南笑着点了点头。

邢立达踮起脚，小心地伸出手，隔着栅栏，摸到了恐龙的骨架。这是他和恐龙家族的第一次接触。

本来，这只是一次年幼的人类和古老的地球统治者之间的普通接触。但对邢立达来说，这次接触太重要了。就像冥冥中有看不见的机械，看不见的命运齿轮，咔嚓一声咬合在了一起，人生的另外一套程序开始悄然启动。

真的值得花费毕生精力来了解它们！要是我也能发现某种恐龙，再给它取个名字，那该有多好啊！邢立达第一次有了这样的念头。

● 马门溪龙化石 —— 成都理工大学 供图

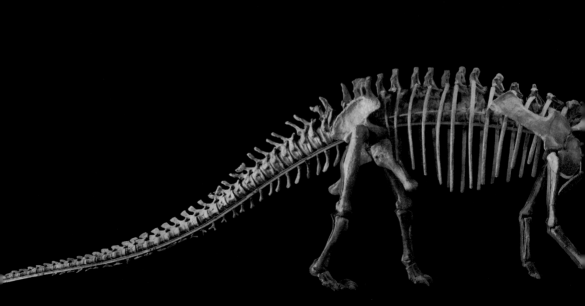

甄朔南看到邢立达眼中的热切和专注，他友善地安排了丰盛的午餐，继续和这位少年聊恐龙，也聊互联网……这位渊博的学者，就像河岸边温暖又清新的春风。

他善待着一切对博物馆藏和远古生物好奇的人，特别是年轻人，兴趣意味着更多的人会享受到博物的乐趣。他并没有猜测到，仅仅十多年后，这位少年就发现并命名了两种恐龙：云南的云龙和重庆綦江的綦江龙，以及十多种新的恐龙足迹。

广东的潮州市，是一座很有历史文化底蕴的城市。清朝的时候，潮州市区有古牌坊103座，在太平路上就有30座。民国的时候，南洋建筑风格的骑楼建筑又形成了很多骑楼商业街。

正是在这样的环境和氛围里，邢家往上追溯四代，都是教师，从清代的私塾、重点中学的语文老师到大学的化学老师，邢家的经历，简直是一部浓缩的中国近当代教育史。沿袭家训和教育精神，邢立达出生在这样的书香门第，看起来未来成为老师的概率很大。

中学的时候邢立达就读于金山中学，学校名字里有山，学校还真的就建在山上，前身可以追溯到创建于1877年（清光绪三年）的金山书院。百年来，该山始终郁郁葱葱，自然环境受到良好的保护，这应该是一个很重要的机缘。动植物丰富的山，为他准备了另一个富有魅力的学校——自然课堂。

邢立达读中学时有两门课很出色，一个是语文课，另一个是生物课。语文课显然和家学渊源有关，生物课的出色，是因为天天进出的金山，激发了他对自然的最初兴趣。

金山中学的生物老师会编一些小册子，介绍这座山上的一些常见植物和动物。有了图谱，就可以按图索骥，进行最初的物种探索。邢立达开始和小伙伴们去抓昆虫，采集植物，做成标本。

● 金山中学 —— 邢立达 摄

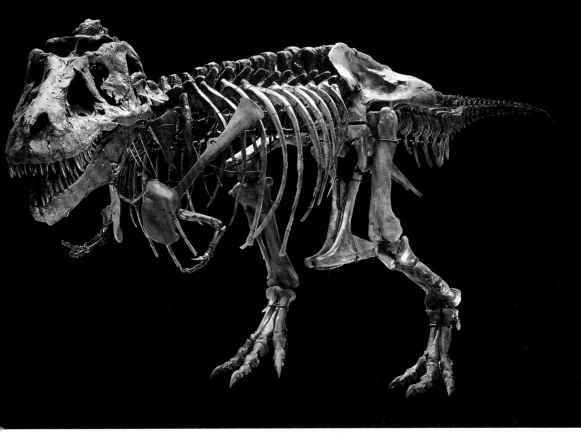

● 全世界最完整的暴龙 — SUE 的化石 —— 美国芝加哥菲尔德博物馆 供图

　　这个时候，他就发现父亲其实是很厉害的，不只是位化学老师，原来，他认识很多植物和动物，还喜欢昆虫，是个甲虫迷，最喜欢独角仙、锹甲、龙眼鸡、金龟子之类的。

　　潮州的西湖后山，有很多高大的乔木，是当地昆虫爱好者必去的地方。有一次，父亲在带着他抓虫子的时候，天色突变，暴雨如注。父亲急中生智，割下两片硕大的姑婆芋叶子，递给他聊充遮雨的帽子，同时还要求他用衣服的袖子包住手再接过去。他觉得很奇怪，但还是照办了。后来他才知道，这是天南星科海芋属植物，其根茎及叶均含有有毒成分，分别为草酸钙及氰苷，其最常见的毒性作用是对皮肤和黏膜的刺激，作用迅猛。父亲还真是渊博。

　　父亲这么会玩，牵出了关于他们家的另一条线索。原来从曾祖父开始，便经营一个庞大的中医药店铺网络，富足之余，都是慈爱而且会

● 自贡恐龙博物馆 永川龙捕食 —— 邢立达 摄

玩的人。曾祖父经历了家道中落，心境淡泊，经常给后人们说要劳逸结合，对他们从无出人头地的期许。

爷爷呢，爷爷很鼓励无边际地读书，在邢立达很小的时候，就给了他一本北京科学出版社 1974 版的《恐龙的故事》，很薄的泛黄小册子，作者之一就是甄朔南先生。

这本书先是奶奶逐字逐句地给邢立达讲了一遍，然后就是他自己读，一遍，又一遍，无限循环，前前后后看了不止百遍。在这无限循环的阅读欢愉中，这本暗黄色封面的书给了他最初的恐龙知识，也给他提供了不同于其他孩子的一种英雄，那就是书中那些发现、挖掘恐龙的人，那些古生物学者，在他心中，甚至超过了孙悟空与黑猫警长。

一天，语文老师说，最近有一部电影很好看，就是《侏罗纪公园》！

果然,《侏罗纪公园》给了邢立达很大的震撼。自此之后,他时不时会想起那些科学家登上小岛后第一次看到的场景——那些史前巨大的动物活生生地在眼前奔跑,长长的脖子一直伸进了天空,脑海里也会时不时盘旋着电影里那段激动人心的音乐。

　　到了高二,邢立达已经成了一个不折不扣的恐龙迷,市面上能够买到的恐龙或者古生物方面的书籍,他都会买下来,因为那个时候这方面的图书并不常见。让他略微有点懊恼的是,在意识到自己这么热爱恐龙之前,他已经选择了文科,而古生物专业是理科,原因出自一个误会,很多人以为古生物是考古,包括当时的邢立达,到了高三才知道,古生物专业是理科……

● 三角龙骨骼化石 —— 美国纽约自然博物馆 供图

1998 年，文科生邢立达创办了中国恐龙网。网站的顺利发展，是他自己也没想到的，开通主页的第一周访问量就达到 4 600 多，出版社也同意他使用有关图书的资料，热爱古生物的朋友们和官方研究机构都很乐意提供帮助。

几年后，知名古生物学家、古脊椎所汪筱林研究员这样评价道："这一最初由恐龙爱好者建立的网站，联合了一大批国内外古生物爱好者，共同为网站的建设竭尽全力地服务，默默无闻地工作。通过他们七年来的不懈努力和辛勤劳动，中国恐龙网如今已经成为享誉国内外的著名古生物网站，也是许多从事古生物学研究的专业人员，以及很多喜欢恐龙和古生物学的青少年朋友们了解恐龙，甚至了解整个古生物学最新发现和研究动态的重要媒介。"很多人都不知道，这个网站出自一个中学生之手。

● 黑戈壁竟然时不时也会下雨，虽然很短暂，但彩虹是一定有的 —— 邢立达 供图

● 扎营 —— 邢立达 供图

● 周忠和院士 —— 邢立达 摄

在业余时间做网站的过程中，对邢立达来说，最有意思的经历是跟着古脊椎所去黑戈壁挖化石了。在那里，他经历了奇迹般的时刻。

内蒙古额济纳河以西，祁连山山前洪积扇以北，新疆天山以东这一大片地区，面积比内地几个省份都大，却长期无人定居，即黑戈壁地区。这一带的自然条件极其严酷，气候极端干旱，地面的碎石全部有着乌黑发亮的表面，像涂了一层黑漆（也被称为荒漠漆）。这奇特的自然现象，至今还没有一个令人信服的解释。

在目的地布咚湖芦斯泰，在汪筱林的带领下，古脊椎所考察队的挖掘进行了一个多月，任务已接近完成。这天，戈壁下了一场罕见的大雨。大家都很开心，因为大雨是古生物学家的朋友，能够冲走浮土，更多的化石才有机会裸露出来。于是，邢立达和著名古生物学家周忠和决定离开大本营，到探索得相对较少的区域去走走——说不定这一场雨，把新的化石冲刷了出来呢。

● 黑戈壁，红旗是为了辨识大本营所在 —— 曾年 摄

● 黑戈壁，协助汪筱林研究员测量地层剖面 —— 曾年 摄

两个寻龙人在茫茫戈壁慢慢走着,仔细查看着脚下是否出现了有价值的目标,然而除了石块,还是石块,什么也没有。在空旷的原野上,两个人继续着这样如同大海里捞针般的工作。

　　雨后的戈壁滩很空,雨后的天空也很空,在几乎看不到植物的石滩上走着,最能感觉到远古那繁华、沸腾的生命消失后给地球留下的荒凉。

● 黑戈壁,远处是马鬃山 —— 邢立达 摄

● 周忠和院士在搜索小型角龙类化石 —— 邢立达 摄

● 意外发现的小型角龙类化石 —— 周忠和 摄

　　突然，邢立达发现，他本来系在腰间的沙漠迷彩服不见了，什么时间掉的都不知道。于是，他们顺着来的脚印，慢慢找回去。

　　就在这个过程中，邢立达发现，沙地上有一些黑色的砾石，光泽好像和别的黑色石头不一样。抓起来一把，用嘴一吹，眼前竟然奇迹般地出现了一个小小的椎体。

　　这是恐龙椎体啊！两个人都惊呆了。富有经验的周忠和立即判断这应该是某种小型角龙类的化石，这些恐龙是群居的，附近肯定有很多。化石所处的地方，有水冲刷流淌的痕迹，说明这里一度成为雨水经过的临时河床。那么，顺着"河床"往上走，说不定还有更多的发现。

他们就这样循迹找着上游，不一会儿，真的找到了几十枚椎体、一堆肢骨和肩胛骨。

日落时分，在一处闪亮的黑点附近，露出了一块构造复杂的骨头。两人小心翼翼地刷去上面覆盖着的沙土，一枚角龙类恐龙的下颌骨展示在我们面前，一排牙齿闪耀着金属般的光泽，非常完美。

● 黑戈壁发现的恐龙化石 —— 曾年 摄

● 考察队在为发现的化石打石膏包保护 —— 曾年 摄

● 意外发现的小型角龙类化石 —— 邢立达 摄

● 黑戈壁发现的肉食龙牙齿 —— 曾年 摄

● 黑戈壁发现的包裹有恐龙化石的钙质结核 —— 曾年 摄

● 黑戈壁发现的龟类化石 —— 曾年 摄

这场面宛如梦境, 两人欣喜若狂。

在那一瞬间, 邢立达觉得, 对于古生物的爱好, 不应该仅是一个爱好, 应该成为一项事业。因为他隐隐感觉到, 不管科普还是科研, 做起来都会是非常有吸引力的。

如果你看过电影《侏罗纪公园》, 就知道电影里的那位古生物学家, 在被劝说去那个布满恐龙的小岛之前, 正在恐龙化石点进行挖掘工作, 全神贯注的他, 完全不想离开现场,

● 柯里教授 —— 邢立达 摄

所以喊道："我不想上直升机，我不想被别人请，我这一辈子只要把蒙大拿州所有的恐龙都挖出来就可以了。"

电影中这位英俊、勇敢的英雄，其实参考了现实生活中的一个闻名全球的恐龙猎人：菲利普·柯里（Philip J. Currie），加拿大阿尔伯塔大学的一位古生物教授，他的毕生梦想很庞大也很单纯，那就是挖出他家乡阿尔伯塔省所有的恐龙化石。

加拿大阿尔伯塔省的埃德蒙顿市是一座建在恐龙背上的城市，不过这是一个迟到的发现，1988 年冬天，业余化石猎人——丹奈克·莫德岑斯吉（Danek Mozdzenski）在白泥山谷发现了保存完整的鸭嘴龙的尾巴化石，人们才明白自己居住的地方竟然有着如此深邃的远古历史。此时，距该市的初建已有 300 多年，距古生物学家众多的阿尔伯塔大学建立也有 80 年了。业余人士就这样给自己的城市和专家们上了生动的一课。

　　虽然有点讽刺，但全社会的反应是欣喜和震惊的。著名慈善家麦克塔格特（Sandy A. Mactaggart）先生随即买下了白泥山谷化石点一带的土地赠予阿尔伯塔大学，以完整保护下来，只供研究与教学用。阿尔伯塔大学则使出浑身解数，最终引进了菲利普·柯里——这位权威的恐龙学者。

● 埃德蒙顿化石点挖掘的第一周 —— 邢立达 摄

● 工作了数周，终于到达了恐龙化石的层位 —— 邢立达 供图

　　邢立达在读完和恐龙全无关系的本科之后，只在别的行业短暂地晃荡了半年，就义无反顾地回到了古生物学的怀抱里，最终，他成为菲利普·柯里的研究生，也是他唯一的中国弟子。

　　到了阿尔伯塔大学，邢立达发现，柯里不是那个只知道趴在化石点埋头工作的人，他很热爱生活。比如，他所谓的高规格地接待客人，就是在自家后院搞西式烧烤（BBQ）。如果你是新手，他还会热情地帮你烤，当然，得按他推荐的美味标准来——那就是三成熟的牛排，切开时，血汁会欢快地涌出来。他还会这样劝说自己的中国学生："这才是最好吃的时候，为什么呢？因为我们是兽脚类恐龙啊！"终于，话题还是扯到了恐龙身上去。

　　莫德岑斯吉发现的化石点如今被命名为丹奈克骨床（Danek Bone Bed），地质年代距今 7 000 万年前。作为冬季入学的研究生，导师柯里安排邢立达协助他带领一小队生物系、地质系本科生以及志愿者，在暑假学习正规的古生物挖掘过程。

　　虽然在中国也有很长时间的挖掘经验，但欧美的规范挖掘流程，邢立达还是第一次全程接触。从与采集地点有关的文献资料收集、各种工具和装备的准备，到挖掘方法、挖掘时对原生植物的保护，以及最后实施挖掘时，不同阶段的重点和必要功课……他要学的还有很多很多。

● 柯里教授和助手在挖掘 —— 邢立达 摄

柯里团队的寻龙范围，并不局限于他们重点关注的丹奈克骨床，他们的探险是全球性的，包括中国。邢立达几乎去遍了类似新疆罗布泊这样的无人区，足迹遍布育空地区北极圈、阿根廷巴塔哥尼亚、蒙古焰崖等。在野外一待常常就是一两个月，辛苦又枯燥，但是，当几个月后，或者在一两年后，邢立达回忆起这段经历的种种细节，总是感到一切是那么充实和美好。

● 埃德蒙顿化石点暴露的化石，是恐龙的椎体 —— 邢立达 摄

● 发现的鸭嘴龙肠骨化石 —— 邢立达 摄

● 李庄足迹面上的蜥脚类足迹 —— 陆勇 摄

山东临沂，2012 年初夏的一个清晨。一望无垠的大地刚刚苏醒过来，还是灰蒙蒙的一片，水气浓密处，是那些深陷在乡野里的湖泊，或者是更小的水塘。

其中的一个偏远村子的湖边，最先有了动静：一群人悄无声息地工作着,有的对湖边某块荒地进行着测量，有的则开刨着最上面一层泥土……连成一片的岩石露了出来，上面布满了各种奇怪的小坑。这些小坑让工作着

● 与化石猎人唐永刚 — 起研究恐龙足迹
　　 — 王申娜 摄

的人们更兴奋了，他们清除着小坑里剩余的泥土，动作非常小心，简直像在给伤员清创的医生；然后，标记、测量、拍照。每一个小坑都享受到了这样尊贵无比的过程。

"你们这是在干什么？"好奇的村民忍不住问。

这群人只是笑笑，然后低头忙自己的，并不回答。

在这群奇怪而忙碌的人中，有一个就是邢立达。此时他已是中国地质大学博士生，他得到好友、国内知名化石猎人唐永刚（圈内人称左山岭）的报料，说发现了一个疑似大量恐龙足迹化石的地方，便立即率领团队赶到临沂。

● 眺望李庄化石点 — 陆勇 摄

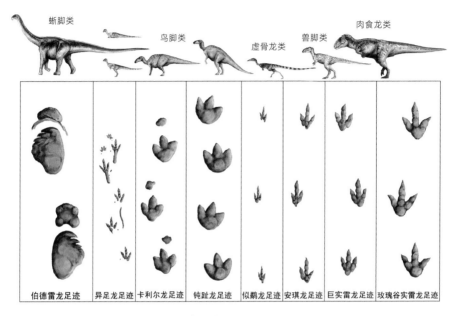

蜥脚类　鸟脚类　虚骨龙类　兽脚类　肉食龙类

| 伯德雷龙足迹 | 异足龙足迹 | 卡利尔龙足迹 | 钝趾龙足迹 | 似鹬龙足迹 | 安琪龙足迹 | 巨实雷龙足迹 | 玫瑰谷实雷龙足迹 |

● 不同类型的恐龙会留下不同的足迹 —— 张宗达 绘

　　开始工作前，邢立达要求团队保持沉默，不得透露这些奇怪的小坑就是极有价值的恐龙足迹化石，避免给化石点带来灭顶之灾。

　　这是蜥脚类恐龙的足迹，这是嗜血的兽脚类恐龙足迹，咦，这带着尖尖的利爪的足迹，究竟是鸟类还是鸟脚类恐龙留下的呢？……他逐一研究着这些神秘的足迹，越来越兴奋，不由自主地哼起了歌。就是在这个比足球场略小的荒坡上，留下了数百个保存完好的恐龙足迹，至少有七个种类。

　　这么多不同种类的恐龙反复来到这一小块地方，最大的可能性是，这里可能是亿年前的一处水源地。眼前的粼粼波光，提示着邢立达去想象那遥远的场景。

● 为足迹点画好了分布图 —— 王申娜 摄

● 水边的恐龙足迹，里面有许多蝌蚪 —— 邢立达 摄

近十多年来，山东特别是临沂，一直有着不间断的恐龙足迹发现，留下了非常丰富的研究线索。这一次的发现，足以让临沂排进中国十大恐龙足迹产地。

五年前，邢立达曾经观察过几个发现于山东省莒南地区的足迹化石标本，那上面有还不到拇指宽的恐龙足迹，隐约可见雨滴的痕迹。他当时激动不已，在心中想象着这足迹的主人：一只仅有麻雀大小的恐龙，在大雨中沿着河边疾速奔走，有些惊慌地躲避着相对于它的体型来说有些巨大的雨滴。

自此，他一直梦想着能亲自发掘出信息同样丰富的足迹化石。没想到，还是在山东，清晰得令人难以置信，似乎带着恐龙脚部皮肤纹理和骨骼关节轮廓的足迹化石，就被他和同事们从泥土和岩层里奇迹般地发掘了出来。

　　我们居住的大地，就像一张可以被无限次使用的画板，地球每一段生命发展的历程，每个时期的生命，都曾在这画板上演示出波澜壮阔的画面，而一旦这个时期结束，它们就会被铲刀无情地铲去，只有很少的信息被深深地掩埋在新的颜料下面。

● 李庄化石点巨大的蜥脚类恐龙足迹 —— 陆勇 摄

● 暴龙在泥泞中艰难行进，留下了深深的足迹 —— 张宗达 绘

　　恐龙的足迹化石，就是留在大地画板上的珍贵信息，单独而孤立地研究一两个化石点，还远远不够，但是把整块大陆上的恐龙足迹结合起来研究，就会拼合出完整的恐龙生活图景，比如它们如何在大陆上生活、迁徙，不同群落间的恐龙如何互动，等等。

　　从恐龙足迹化石中解读出有用的信息，并与动物骨骼化石研究相互补充、印证，能更有效地了解地球史上已经逝去的时代。正因为如此，近 30 年来，恐龙足迹学得以迅速发展，逐渐成为一门典型的交叉学科，它包含了脊椎动物遗迹学、古生物学、沉积学、运动学和行为学等。

　　通过恐龙足迹的具体信息来还原恐龙生活的日常细节，是非常有意思也非常有挑战性的，既需要坚实的逻辑，也需要有基本的想象能力。邢立达觉得，这门学问的这个环节，有点像刑侦，警察能通过犯罪嫌疑人的脚印，如由脚印的深度、宽度判断出嫌疑人的身高、体重、行走速度等，跟他的工作其实很接近。比如，通过恐龙的脚印能测算出恐龙原来的生物群种类和行走速度。

比如，有时你能发现恐龙会绕着一些地理屏障行走，就像两足行走的人类到了西湖，得绕着西湖边走，而不是直接跳进湖里。所以，足迹的线路还能提供丰富的古地理信息。

当然，在野外和村庄寻找恐龙足迹的踪影时，也许，寻龙人自己觉得是警察的角色，但是在外人看来，却有点古怪，甚至有点像形迹不轨的盗贼。

有一次，邢立达和同事在河北张北地区跟踪一批侏罗纪晚期的恐龙足迹，沿着城镇周遭一路寻找，那是一个雾霾很大的下午，他们到了一个小山包，前面是一个村庄。在一块一米见方的石头上面，终于发现了两块恐龙脚印，不算特别好，但很清晰。他们把它刨出来，清理干净脚印，拍照存档。

● 暴龙的足迹 —— 邢立达 供图

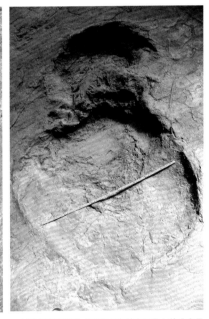

● 甘肃省刘家峡恐龙足迹点有着中国最大的恐龙足迹，图中比例尺为一米 —— 邢立达 摄

● 山东诸城恐龙足迹群 —— 邢立达 摄

这块石头或许是从别处采集过来的吧，他们看了看土包的环境，不像是石块的最初出现地。难道是居民采石修路运过来的？

他们没多想，采集完脚印，正准备走。突然，从村庄里冲出来一群人，嘴里骂骂咧咧，还提着棍子，直奔他们而来。

● 辽西地区肉食恐龙足迹 —— 邢立达 摄

邢立达他们以为碰到了抢劫，一边跑，一边用电话报警。

警察行动很迅速，这群人追上他们刚开始揍的时候，警察就赶到了，把他们从人群里救了出来。

原来，小土包是别人的坟墓。石头的另一边还刻了字，但风化很严重，所以不明显。他们只注意恐龙足迹去了，居然没看到字。

这太尴尬了。邢立达赶紧表示愿意赔偿。

村民们在弄明白了他们是科研人员而不是盗墓贼后，也就表示算了。

有时候，邢立达的角色是神秘密码的破译者。恐龙足迹的线索，不仅在旷野，还在各地的民间传说中。

各地有不少传说中神物留下的足迹，如"落凤坡""落凤谷"或含义类似的地名，有古代英雄或仙人留下的"手印"或"脚印"，这里面可能都有恐龙足迹的线索。邢立达发现，这些留在石头上的"神迹"其实不少是恐龙的足迹化石。比如，一些身体沉重的蜥脚类恐龙，其足迹大体是接近圆形的椭圆形。两个足迹叠加在一起，看上去就有些像"巨人的脚印"。

● 在岩壁上考察 —— 邢立达 摄

在四川省自贡市郊外，有一些被当地百姓称为"犀牛脚印"的足迹，人们相信向它们祈祷可以带来好运。这些巨大的足迹，其实也是恐龙的足迹化石。

● 路边偶遇的蜥脚类足迹 —— 邢立达 供图

不管看上去像什么角色，恐龙的足迹学研究，既是世界性的研究热点，又正好符合邢立达自己的趣味。他在自己的一本书中写道："酷爱恐龙的我慢慢对有些'死气沉沉'的恐龙化石有些'不感冒'。总是忍不住去想它们活着的时候，是什么样子的。从一块北美常见的鸭嘴龙趾骨上，可以脑补

● 在四川古蔺新发现了恐龙足迹群 —— 邢立达 供图

● 山东诸城恐龙足迹群复原图 —— 张宗达 绘

出一个遮天蔽日的龙群浩浩荡荡走来的情形，其中有年轻力壮的，有年老体衰的，有年幼力弱，甚至还有犯病或跛脚的成员，它们的行为各异，却也构成了别样的生动。遗憾的是，虽然一件件骨骼化石在学者手中得以'借尸还魂'，但上述那种宏伟的场景很难从骨骼化石中重建出来，这是骨骼化石埋藏属性中的局限性，恐龙死亡之后

其尸体经常在水动力影响下移动，直到支离破碎。但却有一类化石并非如此，它们就像定格动画一般，如实记录了恐龙的日常。这就是恐龙的足迹化石。"

作为遗迹学分支，足迹学专门研究脊椎动物（尤其是四足类）活动留下的痕迹，包括行走、奔跑、游泳、筑巢等，具有指示动物习性和生活环境的意义。在这个领域，邢立达逐渐找到了感觉。

对东亚地区的恐龙足迹的系统研究，就这样成了邢立达这个阶段的最重要工作。这个工作还具有其他国家和地区没有的紧迫性，因为整个中国大地正承载着推土机的轰鸣声，一切都在推倒重建，从南到北，旧屋在消失，浅丘在推平，变成平地进而变成各种园区或居民小区。

如果说大地是一张画稿，那么它正在经历人类有史以来最严厉的一次铲除，每一分钟都在面目全非。如果说大地是一张存储卡，那么它正在经历人类有史以来最彻底的一次格式化。密集分布着恐龙足迹化石的地区，同样在经历这个过程。

对于这样的过程，邢立达有一次刻骨铭心的经历。

四川省昭觉县三比罗嘎矿区，1991 年 9 月，矿方爆破时，将山体震松，岩石滑落，从而暴露出了恐龙足迹群。2004 年，这里面积巨大的恐龙足迹群被当地文管部门确认为古生物足迹。

● 初到矿区 —— 邢立达 供图

● 背后就是恐龙亿年前走过的大地 —— 王申娜 摄

　　"太壮丽了!"邢立达回忆起首次看到这批来自昭觉的图像资料,在看清楚石壁上的一切后,忍不住赞叹道——恐龙足迹就在采矿区东面的岩壁上,面积约1 500平方米,上面有行进有序的恐龙行走路线数十条,大的足迹1 000余个,清晰可见。

　　毫无疑问,这是一笔世界级的珍贵自然遗产。

　　但这已经是很多年后的2012年了。

　　在当地文管部门人士的陪同下,从加拿大匆匆飞到四川的邢立达,迅速进入了这个区域。但是,一切已不复存在,他来晚了! 在发现之后的几年间,虽然有科学家呼吁停止爆破,保护自然遗迹。但由于经济利益的驱使和监管缺位,矿区充耳不闻,一轮又一轮的爆破,整个足

● 攀岩考察足迹群 —— 王申娜 摄

迹层面已经不复存在。而且，新一轮的开采仍在继续，完全没有停下的迹象。甚至他们在不知不觉中又进入了新的爆炸区。

轰隆……瞬间地动山摇，无数碎石和泥土从空中砸下来，还在继续寻找恐龙足迹的他们，连安全帽都没戴，就遭遇了到惊心动魄的一刻。

"快，到这里来！"陪同的工作人员急中生智，把他们带进了几块巨石间的空隙，那是一个偶然形成的地堡，刚好可以躲一下。

一些碎石像雨点一样扑向他们刚才站立的地方。他们藏身处的巨石，也被打得尘土四溅。

据说，还有更大规模的爆破在后面。所以这次爆破刚停，邢立达就冲了出去，他想在爆破的间隙里，及时为残存的恐龙足迹留档。

突然，他眼前一亮，眼前出现的竟然是一道极奇怪的足迹，每个足迹都由三道长长的、平行的爪痕组成，沿着约 70° 的岩壁一路往上延伸而去。

这是典型的恐龙游泳迹啊！邢立达高兴得手舞足蹈，完全忘记了刚才经历的生死危险。在他的印象中，以往中国从未发现过这种足迹。这就是恐龙日常生活细节的证据。想象一下，庞大的恐龙身躯像小狗一样，有节奏地在湖水中扭动着，高昂的头伸出水面，挥动的脚爪重重地划破湖岸，这场景是多么有趣！当然，远不止于有趣，这些细节证据对古生态、古行为学的研究有着重要意义。

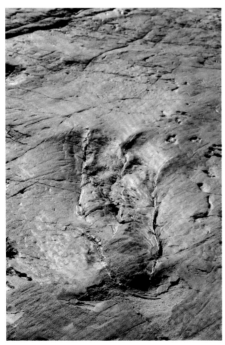

● 兽脚类恐龙游泳的足迹 —— 邢立达 摄

● 攀岩考察足迹群 —— 王申娜 摄

"恐龙还会游泳？"明白邢立达为何突然欣喜若狂后，同去的人诧异不已。

发现恐龙泳痕的小惊喜，终究不能补偿昭觉恐龙足迹群的人为毁灭带来的痛心。邢立达决心加快全国范围内的恐龙足迹的调查速度，这是在和推土机赛跑，和此起彼伏的爆破赛跑。恐龙在整个东亚，留下了一张无比壮丽的足迹图，只有掌握了它，才有机会最大限度接近恐龙生活的真实场景，而如果失去了这张宝图，人类将永远失去了解这些远古生命的机会，这对后来的人类和整个未来，是不公平的。邢立达与自己约定，为了留住这些史前的大脚丫，不

● 邢立达发现了中国首例恐龙游泳行迹 —— 张宗达 绘

● 在野外记录岩性 —— 王申娜 摄

管有无经费，只要得到国内任一区域的恐龙足迹报告，他都将在 48 小时内与地方取得联系并到达发现点。这几年来，他扎扎实实地兑现了这个约定。

我们今天的很多努力，很多工作，并不一定能得到关于生命的结论，但是，我们必须给未来保留机会。

邢立达的视线没有从西南移走，他继续关注着这个世界级的恐龙活跃板块。

他的思路是这样的，由于早白垩世是地球历史上地质变化最强烈的时期之一，这些地质事件使得生物必须积极适应不同环境与气候，因此对其演化有着明显的影响。因此，早白垩世成为研究动物演化的绝佳窗口。

比较理想的目标是完成整个中国早白垩世的恐龙足迹群描述，但受限于个人精力，只能将目标先局限在其中一个最重要的闪光点，即几乎全无早白垩世骨骼化石记录的西南片区。

邢立达从 2006 年夏季开始研究该地区的恐龙，迄今已逾 10 年。其间由他领衔的团队陆续在有影响的国外学术期刊上发表了 10 余篇关于该地区恐龙足迹的论文，其中多数成果发生在他的博士期间（2012—2016 年）。

西南地区发现过很多著名的恐龙骨架化石，但这些恐龙基本都生活在侏罗纪，至于随后的白垩纪，骨架化石几乎是空白。那么在白垩纪的时候，西南地区还有没有恐龙？这是业界和广大恐龙爱好者一直所好奇的。

邢立达团队的十年系统研究，通过对丰富的恐龙足迹化石的发掘和确认，专业地还原了历史，那就是：这个区域在白垩纪仍然有着众多种类的恐龙生存着，比如四川，在这个阶段仍然是恐龙之乡。

在进行专业学术研究的同时，他深感全社会对恐龙足迹这一自然遗产的陌生，于是投入了不少心力来撰写科普文章，有时还主动邀请当地媒体

● 肉食性恐龙行走留下笔直的行迹 —— 张宗达 绘

● 知名登山家 —— 刘建 —— 王申娜 摄

报道，以更好地保护这些遗迹。

随着媒体的推动，年复一年，恐龙足迹成为一门关注度颇高的文化新闻题材，各地政府对恐龙足迹的保护也越来越重视，而恐龙足迹产地或周遭的百姓，在发现恐龙足迹之后也会主动与邢立达团队联系。

和中国大地众多的推土机赛跑的，终于不再仅是邢立达团队。

在西南地区的恐龙足迹调查中，邢立达发现，很多恐龙足迹化石其实深埋在大地深处，只是因为地壳变化，特别是地震带来的翻天覆地变化，才让它们重见天日。这样的变化是不可预测的，是随机的，所以很多恐龙足迹的地层出现在绝壁上，这仅仅是它们重见天日时地层变成垂直的了。那么，要对这些绝壁上的足迹化石进行研究，只靠专业攀岩人员的协助是不够的，恐龙学家得出现在现场才行。

我得学会攀岩! 他作了一个让人大吃一惊的决定。

他想到了一个人：刘建。刘建，成都人，曾在部队服役，兵种空降兵，国家级登山健将。和别的专业人员比起来，他还多了一个爱好，化石。

果然，共同的爱好让刘建爽快地答应了。

作为登山运动的衍生，攀岩富含技巧和冒险，逐渐成为一项独立的极限运动，被称为岩壁芭蕾。不过，邢立达要学的，不是在人工岩壁上展

● 在四川古蔺椒园足迹点攀岩前的准备 —— 邢立达 供图

现技巧和勇气，而是在不可预测的野外岩壁，如何安全地到达那些绝壁上的化石点并进行工作。

装备、训练、绳降技巧……刘建手把手地从头开始教邢立达。他们很快就把训练变成了实战——2015 年，四川古蔺县的一处高约 30 米的绝壁上，发现了恐龙足迹的线索，以往的考察和发掘方式都用不上了，人必须要绳降到半空才能到达疑似恐龙足迹的位置。

此时，刘建的工作是在华西都市报当记者。记者作为古生物科考行动的专业顾问，一起参与工作，这样的人物设定还是比较罕见的。

正值酷暑，古蔺县椒园乡的室外温度高达 40 摄氏度，即使不进行有难度的工作，在阳光下站一会儿，也会汗如雨下。

在刘建的指导下，邢立达和外国专家硬着头皮，从坡顶缓缓下降，接近着以前不敢想象的位置。中间还发生了意外，刘建自己一度滑坠下悬崖20 多米，好在安全措施做得不错，有惊无险，只有轻微的擦伤。

吊在半空中的惊险，严酷的高温，并没有影响他们严谨工作：测量、标记、描模、拍照、铸模，泉水一样流淌的汗水有时让他们只能眯着眼，但工作的每一处细节仍然一丝不苟。他们上下百次，在空中的工作时间总计 50 多个小时，才完成全部工作。

通过对椒园石壁的研究，他们确认，这是属于早侏罗世的恐龙足迹化石。早侏罗世是属于恐龙的美好时光，恐龙遇到的地质和气候挑战不算多。这批标本还非常特殊，专家们是这样描述的：这些足迹约 37 厘米长，后足迹被一道横向的折痕分成前后两个区域，前部是四个与足迹中轴近乎平行的趾头痕迹，后部是呈抛物线的脚跟迹；而其对应的前足迹则有五个钝钝的大爪。

● 攀岩为足迹画轮廓 —— 王申娜 摄

这意味着留下足迹的恐龙非常特殊，既有原始的基干蜥脚形类恐龙足迹的特征，也有晚期蜥脚类恐龙足迹的特征，这说明在进化的链条上，它很可能是两者的中间环节。而这个环节，还是人类首次发现并找到证据。邢立达和专家们进一步确认这是新发现的物种，也是中国乃至亚洲首次记录蜥脚类足迹的新属。

　　为了感谢刘建为古生物学者们的此次野外考察作出的贡献，这个新属的属名被赠予刘建。古蔺县椒园乡的足迹，也因此被称为刘建足迹（Liujianpus）。

　　另一次，在北京延庆，邢立达带着好几位国外专家在现场考察，恐龙足迹点也是位于半空中的岩壁上，需要绳降。本来还约了一个攀岩教练指导，但教练有事没到现场。

　　邢立达只好提前独立完成，按照学过的方法架设设备，准备绳子。看到教练没到，几位外国专家有点犹豫了。为了给他们壮胆，邢立达把准

● 刘建在古蔺县椒园乡攀岩协助考察恐龙足迹 —— 邢立达 摄

● 和马丁·洛克利教授研究恐龙足迹 —— 王申娜 摄

备的五根绳子，都分别亲自上下了一次，每次都轻松地速降下来。大家这才放心了，都依样画葫芦，全部上去了。

但是，还是出状况了。邢立达在半空中干活太过投入，没注意到身下绳子摆动幅度太大，磨断了……这是攀岩新人的失误。他没法降落到地面，被困在了空中。当然，比起人直接掉下去，这还算好。

现在需要的是空中换绳，但是邢立达还没学过这一课。他只好掏出手机给刘建打电话，请教空中换绳步骤。在刘建的指导下，他成功地完成了换绳，继续工作。

自此，绳降成为邢立达野外寻龙经常倚仗的技能之一。

有了对西南地区的恐龙足迹研究的积累，邢立达迅速将寻龙计划扩大到整个中国，他陆续考察了100多个恐龙足迹点，这些足迹点分布在中国34个省直辖市自治区之中的31个。大多数足迹点，他都是第一个抵达的研究者。

恐龙足迹学领域尚有茫茫空白，等待着勇敢的拓荒人。扎实的现场考察和研究，给他带来了井喷般的科研成果。自 2010 年以来，邢立达单独或与国际顶尖的古生物学家合作，发了 90 多篇论文，记录了不同物种在时间和空间上的分布情况，填补了分布稀疏的骨骼化石记录之间的空白。

　　对应着恐龙在东亚的繁华生命史，对应着恐龙在漫长生存进化期的各地漫游，邢立达用 100 多个足迹点的研究和发现，编织出东亚地区的寻龙图，满载恐龙和其他古生物的栖息地和物种信息。

　　与以往主要建立在恐龙骨骼化石基础之上的研究不一样的是，邢立达的每篇论文都是用大量的足迹发现所呈现出来的细节证据，来披露未曾被人们了解到的恐龙的生活史：

　　他记录了中国最古老的蜥脚类和鸟臀类恐龙足迹，证明了这些恐龙在 1.9 亿 ~ 2 亿年前（侏罗纪早期）即出现在亚洲，比此前的骨骼记录更早。

　　他发现了广东地区在白垩纪晚期曾出现过庞大的鸭嘴龙群，天空上除了飞鸟还有翼龙，这些动物常在湖畔出没，而窥视着它们的猎手很可能是一种形似大型火鸡的肉食性兽脚类恐龙。

　　他和同事研究了甘肃省的一种奇怪的镰刀状蜥脚类恐龙足迹，并表示这种动物当时并非在游泳，这和学术界此前持有的观点截然不同。通过激光扫

● 左图：在延吉足迹点发现的鸭嘴龙类足迹；右图：甘肃刘家峡恐龙足迹点 —— 邢立达 供图

● 重庆綦江莲花保寨足迹点 —— 邢立达 摄

描得来的三维图像显示，当恐龙进入这片柔软的湖畔沙地时，其沉重的体重让它们与过软的地面较上了劲，其后肢的大爪子为了稳住身子而不得不深深地插入地面，造成了镰刀状的形态。

他研究确认，一种多年前发现于重庆市綦江区，曾被认为属于兽脚类恐龙的足迹化石，根据新的证据，应该是一种大型的古鸟类留下来的。这种大型的古鸟类在鸟类起源的早期阶段并不常见，体型增大的它们势必要与当时天空的霸主——翼龙类产生严重的冲突，因此这组足迹化石告诉了我们鸟类来源中一些不为人知的弥足珍贵的片段。

"邢立达的工作跟踪了美国该领域最近的学术动向，但对于中国的恐龙足迹学研究来说，是前所未有的。"加拿大不列颠哥伦比亚省和平区不倒翁岭古生物研究中心的化石足迹专家理查德·麦克利（Richard McCrea）评价说。"他正在为中国化石足迹的研究建立基础的综合框架，而在他之前，

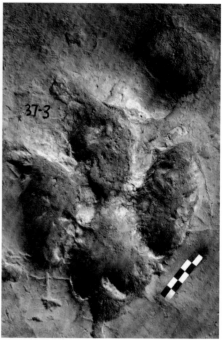

● 左图：重庆綦江莲花保寨足迹点的鸭嘴龙形类行迹；右图：重庆綦江莲花保寨足迹点的鸭嘴龙形类足迹特写
—— 邢立达 摄

只有一些零星的记录。"

在第二届古生物学青年学者论坛上，邢立达还透露，他正主导着一项浩大的研究项目，对全中国的恐龙足迹进行全面测量，并尽量采用统一的标准。比如，甘肃省刘家峡恐龙国家地质公园至少保存了3 000多个恐龙足迹化石。按照每个足迹长度、宽度、深度等大约10个科研数据估算，这个地区最终会得到一个有30 000多个科研数据的数据库。以此类推，全国的足迹数据可能超过10万个。

"我们会无偿公开这全套数据与照片，供世界各地的研究者们查询和比对本地的化石。"邢立达深信，这将有助于世界各地的足迹学研究者在这一领域进行交流，共同描绘出恐龙时代地球的模样。

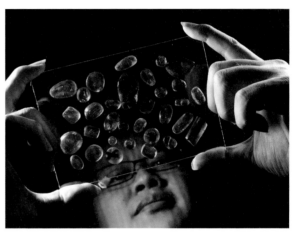

● 琥珀的光泽就像午后的暖阳，因此备受人们喜爱 —— 王宁 摄

　　时光是看不到来源也看不到终点的河流，它裹挟着一切滔滔向前。所有的生命与非生命，无不置身其中。

　　曾有人说，大地是它的河床，这是不对的，大地自己也在洪流之中，被迫经历着沧海桑田。时光的河床，很可能是我们尚未有能力探测到的某个维度。就像在波涛中你无法看清河流的来龙去脉一样，很可能要置身时间之外，才能真正看到时光的河床。

　　有日出就有日落，从诞生、繁荣，再到衰落、消失，每个个体生命经历着这样的周期，每个种族也一样。在地球上经历了日落的物种浩如烟海，远远多于尚存的生命，而且，绝大多数没有留下任何可以追溯的信息。小到针尖大的昆虫，大到两层楼高的恐龙，绝大多数，不要说骨骼，连足迹都没有留下。

　　但是在时光的洪流中，还是有一些例外，某些时光的瞬间，某些物种的身体，被完好地保留下来。那就是琥珀。从某些古老的松柏类树木或同样古老的杉树上分泌出的树脂，瞬间包裹住了一只昆虫或其他小型生物，又经历剧烈的地质变化，经历高热和高压，最终成为坚硬又透明的琥珀。那一个瞬间就这样历经亿年把很多细节保存了下来。

　　琥珀是时光的例外，时光的眼泪。只有眼泪里的记忆才可能例外地保存长久。

● 这些琥珀中包裹着形形色色的昆虫和植物 —— 王宁 摄

寻龙人邢立达，盯上了琥珀，他异想天开地琢磨着，琥珀里有那么多昆虫和植物，近年来又有蛙类和蜥蜴出现，会不会也有恐龙的一点信息呢？毕竟有一些恐龙是非常小型的啊。

这一盯，他的目光又不由自主地转向了西南。当然，从四川方向往西边调整了一下，那正是云南腾冲甚至是缅甸的方向。

琥珀主要产地分布在全球三大区域：欧洲的波罗的海沿岸国家、亚洲的缅甸、中南美洲的墨西哥和多米尼加共和国。当然，我国抚顺也出产高品质琥珀，但是几近枯竭。

● 恐龙琥珀 —— 上海自然博物馆 供图

缅甸琥珀形成于白垩纪中期森诺曼期，距今约1亿年。缅甸板块处于印度板块与亚欧板块之间，其地质活动较为强烈，白垩纪时期更是火山的集中地，火山活动也比较频繁，琥珀在形成过程中所受的压力也比较大，受氧化程度也比较高。

缅甸北部克钦邦胡冈谷地为琥珀的主要产地。自2012年起，随着缅北地区局势趋向平稳，新的矿区投入生产，而连接密支那和胡康河谷的公路也被打通，通过密支那，中断很多年的缅甸琥珀开始规模化进入云南腾冲的珠宝市场。

新发掘出的琥珀，出现在中国市场，不少是虫珀，自然引起了中国昆虫学家们的兴趣，比如昆虫学家、古生物化石猎人张巍巍，他是这样描述他眼中的缅甸琥珀的："凭借多年来对现生昆虫各个类群的了解，我渐渐发现了缅甸琥珀的独特魅力。虽然波罗的海和多米尼加琥珀珀体更加干净透彻，但昆虫种

● 缅甸北部的琥珀矿区 —— 李墨 供图

类多数跟现生种类近似。缅甸琥珀则不同，不仅内含物种类繁多，而且很多与现生种类差异极大，甚至闻所未闻！更为特殊的是，由于缅甸琥珀开采的特殊历史背景，造成了世界范围内对其内含物的研究严重不足。"

2013年，在和张巍巍的交流中，邢立达进一步知道了很多关于缅甸琥珀和腾冲市场的新信息，坚定了他要在琥珀中寻找恐龙踪影的决心。从此，他开始通过各种渠道收集封存着古动植物标本的缅甸琥珀，当然，重点是脊椎动物。缅甸琥珀是远古生物的标本富矿，作为中国科学家，在全球范围内占得独到的地理先机。作为这个时代的古生物学家，又赶上了缅甸琥珀重新开采的时间窗口，这个绝佳的拓荒领域和时机都是绝不能错过的。

仅仅通过腾冲琥珀市场收集标本，已经不能满足他了，毕竟，全国甚至全球的琥珀猎手，都盯上了腾冲和密支那。他想直接去探访神秘的胡冈谷地，亲眼看清楚矿区的地质背景，他的心才能踏实下来做研究。

胡冈谷地属缅甸克钦邦，又名野人山，处于茫茫原始森林的腹地，虽然与中国交界，但四周群山环绕，通往密支那或别的城市的交通都极为困难。克钦山区由缅甸地方武装克钦独立军控制，琥珀生产是他们的军费来源之一，所以琥珀矿区被设为禁区，进出关卡重重，外人很难进入矿区。不过，为了在琥珀源头抢得先机，据说，越来越多的当地华人会涉险到矿区一带收货。

不入虎穴，焉得虎子。2015 年夏天的一天，邢立达终于进入缅甸，取道密支那，向胡冈谷地进发。

正逢雨季，细雨把森林、天空缝合成了茫茫一片。越野车就在这一片茫茫中缓慢前行，道路两边的树枝，不时像浪花一样砸到车子上。热带雨林充满了各种意想不到的珍稀物种，但也有着危险，蚊子有可能传染登革热和疟疾，灌木的枝叶上还有着令人烦恼的旱蚂蟥。不过，最让邢立达担心的是沿途的武装检查站，荷枪实弹，如临大敌，感觉这边的战事还处在一触即发的阶段。还好，一路都顺利地过来了。

七个小时后，他们到达琥珀小城塔奈，这里的琥珀市场规模不小，有成品，也有原石，成品大多制作为项链、手链、戒指、吊坠等，也有进行雕刻。琥珀不仅通过密支那销往中国，也有直接销往仰光和曼德勒，加上矿区的人，塔奈相关从业人员达数十万之多。

邢立达并没有在塔奈停留，先是小舢板，然后是大象，很费力走完了泥泞不堪的山路，才来到矿区边缘。

突然，几个穿着迷彩服的青年士兵拦住了去路，这应该是个暗卡。邢立达看到他们都端着明晃晃的突击步枪，不由心里一惊。

● 矿区的交通靠大象 —— 李墨 供图

士兵开始检查他们的证件，还挨个盘问。看来，进入矿区比到塔奈小镇管控更严。邢立达早已身着当地服装，加上他长期野外工作，看上去和缅甸人并无异样。向导也有给他准备了身份证明。但是，回答盘问，他可就要露馅了——

缅甸语听不懂啊。

此时，转身逃跑都来不及了。他急中生智，指了指自己嘴巴，比画了起来。

向导阿文，反应很快，赶紧说是他的哑巴亲戚，做琥珀生意的。

士兵犹豫了一下，挥手放行了。

前行不久，矿区终于出现在他们面前。这是近年来才开发的新矿区，和老矿区一样，同处胡冈谷地，而矿区面貌依然是那么令人震惊。没有像样的房屋，全是工棚级的，房顶就是一张厚点的类似塑料布的材料。生活用的棚有简单的墙，生产的矿井就是简单地扯一个顶。放眼望去，几千张蓝色和绿色的"塑料布"密密地拥挤在几个山谷里。

多数琥珀矿区都是曾经的沼泽或洼地，所以矿井会用木头加固向下的通道。即使这样，看上去也非常危险，因为整个土

● 琥珀矿区的工棚 —— 董华宝 摄

地就像松软的泥浆。邢立达看到挖掘的工人连安全绳也没有，只戴一个有头灯的安全帽就下去了，并使用原始的工具手工挖掘，在方形的矿井口进进出出，心里真是替他们捏一把汗。

● 矿区的矿井 —— 李墨 供图

询问了一下，这些矿井都是这样垂直往下挖，出现琥珀，就意味着挖到了琥珀层，这时再进行横向挖掘，但为了安全，一般开采半径不会超过十米。

和老矿区相比，新矿区的地层可能经过了更强的压力和高温的过程，这里出产的琥珀相对更脆一些，但是琥珀品种很多。红色的琥珀被称为血珀，离地表很近，通常只有三五米。穿过血珀层而往下，几十米深的层面，就可能出现棕红珀、金珀。

邢立达就在一个矿井边开始了工作，在那些经历了近亿年深埋后刚刚重见天日的琥珀中，激动又低调地挑选包裹着琥珀的岩石样本。

大半天时间不知不觉就过去了，邢立达已经挑中好几袋。突然，阿文急匆匆地走过来说："密支那市场，有人在兜售一个恐龙的脚，你想看吗？"

邢立达想都没想就站了起来，以最快的速度开始收拾行李，和来的时候相比，行李沉甸甸的，增加了几十斤琥珀标本。

这是第二次听到琥珀里有恐龙的脚了。上一次，还是张巍巍给他提供的消息，他用几个月工资从琥珀商人那里把那块琥珀收购回来，但不是恐龙，是蜥蜴。当然，仍然是非常珍贵的标本。

第二天，他们就出现在了密支那的琥珀市场。塔奈的琥珀市场很简陋，地摊多、原石多。密支那市场相比就成熟些，市场内琥珀摊店整齐有序，大一点的店还配备了制服整齐的导购人员。

一般的游客就在市场里挨个摊逛，寻找自己满意的琥珀。寻找精品的琥珀猎人，却喜欢泡在咖啡馆里，等着各路有货的当地人献上宝物。这些琥珀猎

● 邢立达拿着恐龙琥珀 —— 上海自然博物馆 供图

人都喜欢用手电筒仔细扫描琥珀原石，看清楚里面的古生物是否有价值，掂量着怎样报一个合适又有利可图的价格。恐龙学家邢立达，就经常混迹于这些琥珀商人中，寻找着恐龙的踪迹。

这次，在琥珀市场旁的一个旅馆里，缅甸琥珀商人S先生老练地从层层纸包中，慢慢掏出一块琥珀来，面无表情地递过来。

"这就是恐龙脚？"邢立达也面无表情地接过琥珀，掂量了一下，掏出放大镜、电筒。

在电筒光下，琥珀里浑浊的小世界一下子变得清晰了，里面出现了指头状的东西。邢立达感觉到自己的心狂跳起来。

他控制住自己，继续冷静观察，咦，结构不对，鳞片不对，这是什么玩意呢。他翻来覆去仔细研究，终于，在琥珀的另一面，看到一处不易察觉的伤口。

这块琥珀是真的，但里面的内容却是假的。正因为琥珀猎人对新奇古生物种的竞相追逐，刺激了造假高手的出现，他们在琥珀上开口，塞进去类似古生物的当代东西，再重新巧妙密封。这种化普通琥珀为神奇的加工货，往往还能卖出天价。

邢立达放下琥珀、放大镜、电筒，一声不吭。

场面有点尴尬，两个人互相对视了一下，都有点失望。

像是为了活跃气氛，S先生主动提供了一个线索，"我曾经卖过一个鸟爪子给一位中国朋友,不是蜥蜴的五趾,不是青蛙的四趾,而是三趾! 它通体是金黄色,美极了! "

"是吗? "邢立达礼貌性地表示了好奇。

通过 S 先生卖到中国来的鸟爪琥珀,是不是另一件造假货呢? 虽然有点怀疑,但邢立达不愿错过任何一个有用的线索,他委托腾冲玩琥珀的朋友打听这块琥珀的去向。

几个月后,消息出来了,这块琥珀原来是被陈光收购了。

陈光,虎魄阁主人,福建人,腾冲琥珀协会会长,本来是做服装生意的,后来娶了一位聪慧的缅甸华人太太,接触到琥珀,2011年便改行做琥珀生意。由于做得早,他旗下不仅有众多琥珀猎人,还合作参与琥珀矿区的开采,掌握了很多琥珀资源。由于迷上琥珀文化,他自己的琥珀收藏也逐渐积累起来。

听闻古生物学专家对这件收藏感兴趣,陈光非常支持,立即派人把藏品送到了北京,供邢立达团队研究。

于是,这块传闻中的琥珀到了邢立达手里。它远比邢立达想象的大,已被切成了两半,从其中一块剖面看过去,的确隐约有一个金色的鸟爪状的东西。邢立达仔细看了看,这块琥珀的另一面保持着天然的样子,这是原生态的琥珀!

他镇静了一下,控制住自己的激动,把标本放到了显微镜下,睁大眼睛观察起来。

世界静止了,时间仿佛停止了前行。此时此刻,世界的中心只在显微镜下:三个硕大的金色脚趾在现在灯光下,另一个较小的脚趾在三个大趾的背面形成对握的结构,

● 观察琥珀 —— 王申娜 摄

● 比龙标本的一对鸟足 —— 白明 摄

这是典型的树栖动物才有的特征。再进一步观察，脚上披满黄金般的鳞片，每一片都仿佛是由巨匠精雕细刻而成，在鳞片与鳞片之间，甚至还有毛发细小如针。

结合白垩纪的时间点，这不是蛙爪，也不是蜥蜴爪，这是恐龙或者远古鸟类！邢立达迅速作出了第一判断。

但是，为了万无一失，还必须对这件重要标本进行更苛刻的防伪检测。万一，存在肉眼发现不了的琥珀造假呢。

荧光反应、同步辐射、微 CT……这块重要标本，辗转国内外各大实验室，它的更多信息被逐渐披露出来。

一天晚上，邢立达的手机响了。电话是中国科学院动物研究所的白明副研究员打来的，他正连夜帮他们进行扫描。

"立达，这个琥珀里面好像还有一些奇怪的地方。动物脚部的骨头，是破碎的，我看是几乎没有可能重建的。"

这句话的后半句给了邢立达当头一棒，因为他很期待能通过扫描，重建这只脚的内部骨骼结构呢。如果能完成，根据建立在骨骼形态基础上的古生物学研究成果，就可以进一步把标

●比龙标本 —— 白明 摄

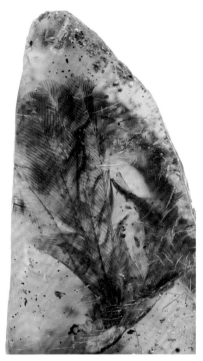

● 比龙标本的翅膀 —— 白明 摄

本和同时代甚至不同时代的同类进行比较，可以确定它究竟是恐龙还是鸟类，说不定还可以确定它的进化程度甚至是具体的种属。

当然，这么纤细的足，在琥珀形成过程中，经历了漫长的高温高压，骨头最终很难保持完整。

由于沮丧，邢立达甚至没有注意到白明的前半句话。他恍惚了一下，又听到白明很激动地继续说："但是，我整体扫描了这个琥珀，里面好像有更多骨头，远不止这对脚。可能是颜色与棕黄色接近，所以肉眼看不太出来。"

● 恐龙琥珀的羽毛特写 —— Ryan C. McKellar 摄

什么?更多的骨头!

这块琥珀里除了一只看似从远古伸过来的爪,的确同时还有一些羽毛和其他物质。如果整体都属于一只远古鸟形动物,那可是一个惊世的发现啊!人类还从来没有如此接近过一只远古鸟形动物的标本。

邢立达一下子又从冰窟窿里被捞了出来,他太兴奋了,彻夜难眠。

第二天一大早,在白明的实验室中,邢立达看到了标本的翅膀、脖子以及小小的脑袋,但是并没有他期待的长尾巴。这只动物不是恐龙,很可能是一只白垩纪的鸟类。

但是,这仍然是一个前所未有的巨大发现,在一块琥

● 比龙标本的羽毛 —— Ryan C. McKellar 摄

● 比龙标本复原图 —— 张宗达 绘

珀里，几乎完整地保存了一只远古鸟类，太难以令人置信了。和普通化石相比，这块琥珀除全身骨骼外，还保留了大量软组织和皮肤结构，给人类研究提供了罕见的材料。这一轰动性的消息迅速在全球范围内传播。美国洛杉矶自然史博物馆恐龙研究院院长路易斯·恰普（Luis M. Chiappe）教授说："这些保存下来的软组织除了各种形态的羽毛之外，还包括了裸露的耳朵、眼睑，以及跗骨上极具细节的鳞片，这为古鸟类研究提供了千载难逢的机会。"

随着研究的继续，这只鸟的类别也得到了确定，它属于典型的反鸟类。这是白垩纪出现的一类相对原始的鸟类，其肩带骨骼的关节组合与现代鸟类相反，因此得名。反鸟类和今鸟类是鸟类演化的两个主要谱系，并在早白垩世出现了较大的分化。

反鸟类有较强的飞行能力，拇指与其他三指对握，适宜树栖，而且长有牙齿。最终在晚白垩纪末期与恐龙一道完全灭绝。

这只鸟被命名为"比龙"，这是小云雀在缅甸当地的读音，小云雀和琥珀中的鸟爪一样，有着金黄色的双足。

和琥珀里众多的昆虫相比，琥珀中发现脊椎动物的概率极小，主要原因有两个：一是脊椎类动物总体来说个头大，就算小也比较有力量，不太容易被树脂困住；二是琥珀主要形成于新生代，得追溯到中生代最后一纪白垩纪之后了，但以恐龙为代表的远古脊椎动物巅峰在中生代。所以，邢立达必须花费更多的精力，才能收集到有研究价值的标本。

● 恐龙琥珀的羽毛特写 —— Ryan C. McKellar 摄

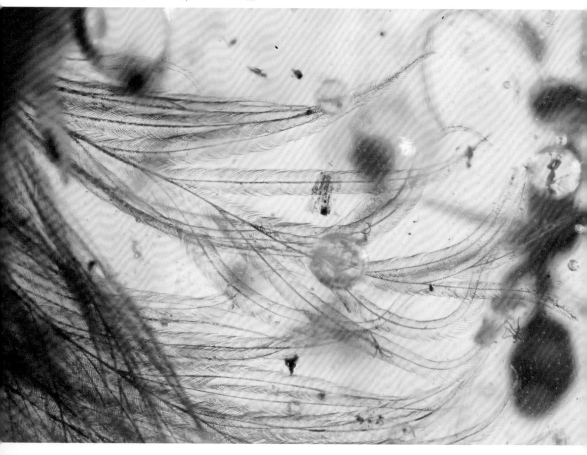

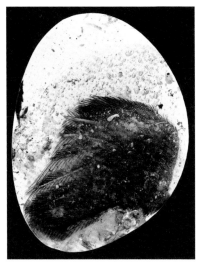

● 鸟翅膀琥珀 —— Ryan C. McKellar 摄

　　从 2013 年起，邢立达频繁地去往云南腾冲和密支那的琥珀集市，一年就能去上五六次，慢慢也积累了很多中间商的资源，他的微信好友有百来个都是那一带与琥珀行业相关的人。那些人会不断地把疑似昆虫之外的远古动物的线索发过来，时不时让他兴奋不已。

　　邢立达的功夫没有白费，在接触到"比龙"之前，他的团队其实已经发现并研究了两个鸟类琥珀标本，即"天使之翼"和"罗斯"。

　　"天使之翼"这块琥珀里含有鸟翅，翅上面有完整的毛发，不同寻常的是，还有非常精巧的小爪子！这可是那个远古时期的鸟的重要特征，从鸟翅的尺寸可以按比例还原出整只鸟的大小——是一只非常小的鸟，甚至比蜂鸟还小。

　　这个标本中有双向爪痕，标本四周有大量腐败物，说明这只可怜的小鸟是活生生被树上流下的树脂粘住并最后包裹住的。爪痕说明它还有过挣扎，腐败物说明它的腐败过程发生在琥珀即包裹物内部的无氧环境中。

● 古鸟翅膀琥珀与古鸟的同比例复原图 —— 邢立达 摄

令人叹为观止的是，"天使之翼"保留着整齐、优美的羽毛，那壮硕的羽毛，显示出这个家族拥有不俗的飞行能力。

"罗斯"和"天使之翼"不同，只保留着一点干净的羽毛和半透明的皮肤，琥珀里也没有任何爪痕，没有腐败物，说明在树脂包裹它之前已经死去。邢立达认为，最大的可能是：掠食者撕下了鸟的翅膀，但没有食用，而是将它丢弃。

两个标本最后都被研究确认为属于反鸟类的幼鸟。

古生物学研究早已发现，鸟类是恐龙的后代，所以古鸟类属于广义恐龙，其他属于非鸟恐龙。从"天使之翼""罗斯"到"比龙"，缅甸琥珀给了世界极大的惊喜，缅北矿区所包含的人类史前世界的信息，远远超过最乐观的评估。邢立达团队积累的缅北矿区的古生物标本在迅速增加中：脊椎动物琥珀标本数百件、无脊椎动物琥珀标本数千件。不过，非鸟恐龙仍然是一个空白。

● 古鸟琥珀的复原图 —— 张宗达 绘

渺小的树脂终难困住硕大的恐龙？但是，那些小如鸟类的恐龙呢？为什么众多的琥珀中没有一丝非鸟恐龙的信息？发誓在缅甸琥珀中寻龙的邢立达有点焦虑了。

还是在 2015 年夏天，还是密支那，还是人头攒动的琥珀集市。集市附近的咖啡馆依旧充斥着圆睁双眼手持电筒的琥珀猎人和面无表情的中间商人。这些中间商人都有非常好的嗅觉和丰富的琥珀线索，能在咖啡馆里兜售的都是他们按照琥珀猎人的偏好初选的。当然，也有可能是"定制"的，如前所述的假货。

邢立达和一个中间商一前一后走进了咖啡馆，他又再次"混迹"在琥珀猎人中了。和其他猎人重点在于评估琥珀的市场价值不一样，他的目标是封存在琥珀中的古生物信息，当然，最优先的是非鸟恐龙。所以，有时人家瞧不上的，价格相对较低的，反而在他看来珍贵异常。市场价值和科研价值，一直存在着很深的互相误会嘛。

● 恐龙琥珀 —— Ryan C. McKellar 摄

"我有一个不错的植物琥珀，鸡蛋大小，你看看，还有两只蚂蚁，蚂蚁上树，不错吧？"刚才，还在走着的邢立达被这位中间商叫住了。

借助阳光，邢立达把琥珀举起来，仔细看了看，立刻屏住了呼吸：天哪，哪里是植物，明明是一个原始的羽毛结构，有明显的羽枝和羽轴，还有色素痕迹，由深而浅地沿着椎体结构分布着，层次分明。这是不是他正在寻找的非鸟恐龙啊？

进了咖啡馆，借助手电筒光，他又把这块琥珀细细看了一遍，感觉是非鸟恐龙或古鸟类的可能性比较大，是前者的概率至少应该有一半吧。

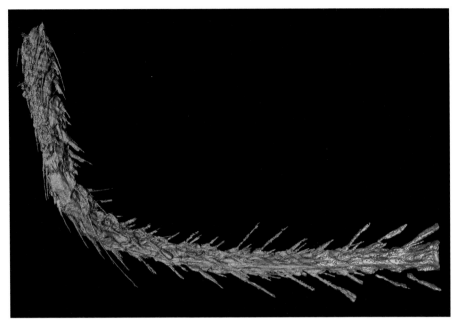

● 恐龙琥珀的骨骼形态 —— 白明 供图

　　一直期待着的中间商终于成功售出这块"蚂蚁上树"琥珀，他对自己机智的取名很满意。

　　琥珀到手后，邢立达简直舍不得放下，手持放大镜看了又看，他发现这个羽毛结构已经呈现出了以前不知道的一些细节，以前从页岩上的恐龙化石中也发现恐龙羽毛，但那是压过的，很难猜测有多少节尾椎，每一节上有多少毛，它们又是如何分布的。这个不同，它是立体呈现的，非常直观。

　　"我在琥珀中找到了一个疑似非鸟恐龙的标本。"邢立达给他硕士阶段的国内导师、中国科学院古脊椎动物与古人类研究所徐星教授打电话。徐星，中国著名恐龙研究专家，已发现和命名恐龙新属种达 30 余种。徐星的第一反应是：这，可能吗？

　　第二天，徐星在显微镜下非常兴奋地仔细研究了这个标本，并迅速放弃了怀疑，也感觉是恐龙。除标本有着长长的骨质尾巴外，羽毛的形态也不一样，鸟是从非鸟恐龙进化来的，这个进化是羽毛逐渐复杂的过程，这件标本的羽毛形状明显处在进化的初期，甚至比进化后期更靠近鸟类的窃蛋龙、伤齿龙、驰龙还早。

很快，一支由中、加、英、美等国科学家组成的国际研究团队采取了多种高科技的无损成像和分析手段来研究这个标本。这项研究，还得到了中国国家自然科学基金、加拿大自然科学和工程研究理事会、美国国家地理学会的资助。

通过最前沿的同步辐射设备扫描标本，提取出有价值的信息，包括三维质量投影图像，再经过对投影图像的断层重建、分段拼接等技术，最终得到了能充分展示标本内部结构和形态特征的高清 3D 图像。

● 加拿大合作伙伴瑞安·麦凯勒（Ryan C. McKellar）博士 —— 王申娜 摄

● 邹晶梅拿着一只小型反鸟类化石
—— 邹晶梅 供图

通过三维形态图，邢立达研究团队终于确认，该化石属于非鸟恐龙，再根据其腹侧有明显的沟槽结构等，进一步确认它是虚骨龙类恐龙的一段尾骨。整个标本有 9 段以上尾椎，尾巴完全展开约 6 厘米，由此可推断恐龙的全长大约 18.5 厘米。令人扼腕叹息的是，这块琥珀的两端是非常新鲜的横断面，意味着深埋在矿层里的这件恐龙琥珀在挖掘时失去了其他部分。也就是说，经历了近亿年，它其实保存得远比这块琥珀里的部分更完整。

无论如何，这已经是人类有史以来发现的第一块埋藏在琥珀中的恐龙标本。"蚂蚁上树"琥珀的珍贵程度，从生物发现的意义上说，远远超过了密支那市场上的很多奢侈级的琥珀。

"我研究恐龙数十年，并不曾想过，有朝一日能看到如此新鲜的恐龙，"参与研究的加拿大皇家科学院院士、阿尔伯塔大学菲利普·柯里教授说。邢立达不断带给他导师的惊喜实在太多了。2016 年，第一件

● 恐龙琥珀的复原图 —— 张宗达 绘

恐龙标本的发现，由美国《当代生物学》杂志发表后，引起了一系列的轰动，邢立达已成为世界范围内恐龙研究领域的明星级发现者。

邢立达团队给这件标本取名"伊娃"——夏娃在英语中的另一个读音。

邢立达还在继续忙碌着，"邢立达们"的工作就像在完成一个拼图，从恐龙骨骼化石、恐龙足迹化石到琥珀恐龙化石，这些珍贵的自然遗产的片段，不断填补着我们想象力难以抵达的真实存在过的恐龙世界。他们的寻龙之旅还在继续，这个旅程同时也是寻找生命真相的过程：漫长，但是充满了意义。